保鲜贮藏100天的枣果

无毒塑料小包装鲜枣贮藏

鲁北冬枣结果状

赞皇大枣结果状

骏 枣

壶瓶枣结果状

磨盘枣结果状

茶壶枣结果状

小拱棚枣树嫩
枝扦插育苗

开心形枣树

幼龄枣树高接换种状

老枣树多头
高接换种状

枣树腹接换种状

修筑栽枣树的
隔坡水平沟

在枣园内间作小麦

中阳木枣二次枝
摘心后结果状

枣树环剥状

枣树花期蜜蜂
访花授粉状

临猗梨枣矮密丰产园一角

患枣疯病的枣树

用抗生素给枣疯病病树进行输液治疗状

梨枣炭疽病症状

枣锈病症状

枣缩果病症状

果品无公害生产技术丛书
GUOPIN WUGONGHAI SHENGCHAN JISHU CONGSHU

枣

无公害高效栽培

张志善 杨自民 申彦杰 编著

郑玉明 插图

金盾出版社

内 容 提 要

本书由山西省农业科学院园艺研究所研究员张志善、杨自民和申彦杰编著。内容包括枣无公害栽培的概念与意义，无公害枣产品的质量标准与质量认证，枣无公害栽培的环境条件，枣树名、优新品种介绍，苗木繁育，园地选择，栽植模式，栽植要点，高接换种，枣园土、肥、水管理，整形修剪，促花保果，作物间作，主要病虫害防治和枣果采收、贮藏与加工等知识与技术。全书内容翔实系统，语言通俗易懂，技术先进实用，便于学习和操作。对于枣树的安全、优质、丰产栽培，具有很强的指导作用。

图书在版编目(CIP)数据

枣无公害高效栽培/张志善，杨自民，申彦杰编著．—北京：金盾出版社，2004.12

(果品无公害生产技术丛书)

ISBN 978-7-5082-3262-1

Ⅰ．枣…　Ⅱ．①张…②杨…③申…　Ⅲ．枣-果树园艺-无污染技术　Ⅳ．S665.1

中国版本图书馆 CIP 数据核字(2004)第 104742 号

金盾出版社出版、总发行

北京太平路 5 号(地铁万寿路站往南)

邮政编码：100036　电话：68214039　83219215

传真：68276683　网址：www.jdcbs.cn

彩色印刷：北京百花彩印有限公司

黑白印刷：国防工业出版社印刷厂

装订：大亚装订厂

各地新华书店经销

开本：850×1168 1/32　印张：7.75　彩页：8　字数：193 千字

2009 年 4 月第 1 版第 3 次印刷

印数：17001—25000 册　定价：13.00 元

序言 XUYAN

果品是人类食品的重要组成部分。随着我国人民生活水平的提高和消费观念的转变,生产优质、安全的无公害果品,已成为广大消费者的共同要求和提高果业生产效益的重要举措。为了解决农产品的质量安全问题,农业部从 2001 年开始,在全国范围内组织实施了"无公害农产品行动计划",分批制定和颁布了各种果品的无公害行业标准和无公害生产技术规程,使无公害果品生产不仅势在必行,而且有章可循。

实现果品的无公害生产,首先需要提高果品生产者、经营者以及管理者的无公害生产意识,使无公害生产技术规程能真正落到实处。为此,金盾出版社策划出版"果品无公害生产技术丛书",邀请中国农业科学院果树研究所、中国农业科学院柑橘研究所、中国农业科学院郑州果树研究所、中国科学院植物研究所、福建农林大学、西北农林科技大学、山西省农业科学院和北京市农林科学院等单位的果树专家,分 20 分册,介绍了 20 种鲜食果品无公害生产的环境条件,无公害高效栽培技术,病虫害的无公害防治,果实采收、保鲜、运输的无公害管理,以及干果的无公害加工技术。"丛书"既讲求技术的先进性,更注重其实用性和可操作性,内容深入浅出,语言通俗易懂,力求使广大果农、基层农技推广人员和生产管理人员能读得懂，用得上。

我相信，这套“丛书”的出版发行，将在果品无公害生产技术的推广应用中发挥广泛的指导作用，为提高我国果品在国际市场的竞争力和果业的可持续发展，做出有益贡献。

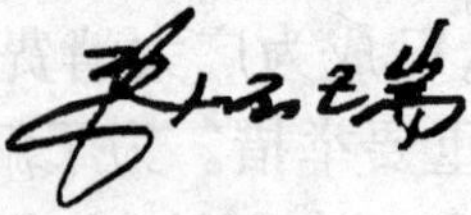

2003年8月

前言

QIANYAN

枣树起源于黄河中游，据考证已有 7 000 多年的历史，是我国最古老的经济林树种。在漫长的生产实践中，劳动人民积累了栽培枣树的丰富经验，选育出丰富多彩的演变品种。据不完全统计，全国已查出枣树的品种 700 多个，还有一些品种有待今后去发掘。

枣树是经济林主要树种之一。因地制宜地开发枣树产业，对发展农村经济，增加农民收入，改善生态环境，具有重要的意义。

枣树的抗逆性和适应性很强，在山地、平地、水地、旱地、盐碱地、荒山、荒沟和荒滩，以及村旁、宅旁、路旁与水旁"四旁"不同类型的土壤中，都能生长，因而被群众誉为"铁杆庄稼"。特别是在遇到天旱年份，有些农作物严重减产甚至绝收的情况下，但枣树仍可获得较好收成，可谓丘陵山区抗旱先锋树种。由于枣树抗逆性和适应性很强，因此在全国分布很广。

枣树结果早，早丰产性强，盛果期和寿命均长。百年以上甚至数百年生的枣树，仍能维持较高的产量。有些传说是唐代所栽的千年以上老枣树，干周都在 3 米以上，有的达 4 米以上，树干和主枝内膛已成空洞，但在一般管理条件下，还能继续生存，并且有一定的产量。因此，发展枣树产业，可以一次栽树，长久受益，造福子孙。

枣果营养丰富，用途很广，含糖量高，发热量大，尤其富含维生素 C，有"天然维生素 C 丸"的美称。枣果还含有多种矿质营养元素和多种氨基酸。近代医学研究结果表明，枣果中还含有抗癌物质环磷酸腺苷(CAMP)。自古以来，枣果就是一种珍贵的营养保健品，具有很高的营养价值和药用价值，被赞誉为"木本粮食"。

20 世纪 90 年代以来，枣树成为全国发展速度最快的经济林树种之一。据有关部门统计，到2000年，全国枣树栽培面积已发展到100万公顷以上，鲜枣年产量超过15亿千克。其中结果枣树的栽培面积为53万公顷，每667平方米的平均产量为190多千克。枣树产业的开发，有力地促进了农村经济的发展。

红枣是我国特有的传统土特产品。世界各国的枣树，都是在不同的历史时期，通过不同的途径，从我国引进的。但是，迄今为止，除韩国有一定规模的栽培和产量外，其他国家尚未形成规模栽培。业内人士分析，在今后相当长的时期内，我国枣产品在国际市场上具有较强的优势。我国已参加世贸组织，枣产品面对国际大市场，其发展前景将会更加看好。

在现代农业生产的发展中，化学肥料和化学农药，曾经起过重要的促进作用。但是化学肥料和化学农药的大量施用，也造成了环境和农产品的污染。化肥和化学农药在农产品中的残留，不仅给生产者和消费者的生活、生存和生产，造成了程度不同、形式不一的潜在危机，而且已成为枣果出口的主要障碍。要使枣果在国际市场上占有一席之地，就要消除污染，生产无公害的枣果品。

为了适应国内外广大消费者对安全、优质枣果的需求，促进红枣产业的健康发展，提高广大枣农的科技素质和科学管树水平，我们针对当前枣树生产和发展中存在的主要问题，本着科学、实用、可操作性强的原则，将多年调查、观察和试验积累的资料，编写成《枣无公害高效栽培》一书。希望此书的出版，能对广大枣农在选择枣树优良品种，实施枣树无公害规范化栽培等方面有所帮助。

书中的彩页照片，由武威、范俊鸣、谢碧霞、尹福建和隋晓黑等人拍摄或提供，墨线图由郑玉明绘制。在编写过程中，参考和引用了已公开出版和内部培训教材等资料。在此，谨向所有作者表示谢意。由于水平所限，不妥之处，敬请同行和广大读者赐教。

编 著 者

目录 MULU

第一章　枣树无公害栽培的概念与意义

一、枣树无公害栽培及无公害枣果的概念……………………（1）
二、枣树无公害栽培的意义……………………………………（2）

第二章　无公害枣的质量标准

一、无公害果品质量标准具有特定的内容……………………（3）
二、无公害枣果的适用质量标准………………………………（3）

第三章　枣无公害栽培的环境条件

一、大气环境质量标准及检测…………………………………（5）
二、灌溉水质量标准及检测……………………………………（5）
三、土壤环境质量标准及检测…………………………………（6）

第四章　枣树的主栽品种和名、优新品种

第一节　主栽品种 ……………………………………………（8）
一、金丝小枣……………………………………………………（8）
二、中阳木枣……………………………………………………（10）
三、婆枣…………………………………………………………（12）

四、圆铃枣……………………………………………………（13）
五、长红枣……………………………………………………（15）
六、扁核酸……………………………………………………（16）
七、灰枣………………………………………………………（17）
八、灵宝大枣…………………………………………………（18）
九、油枣………………………………………………………（19）
十、赞皇大枣…………………………………………………（20）
第二节　名、优新品种…………………………………………（22）
一、鲁北冬枣…………………………………………………（22）
二、临猗梨枣…………………………………………………（25）
三、永济蛤蟆枣………………………………………………（27）
四、不落酥……………………………………………………（28）
五、襄汾圆枣…………………………………………………（29）
六、山东梨枣…………………………………………………（30）
七、成武冬枣…………………………………………………（31）
八、孔府酥脆枣………………………………………………（32）
九、金铃圆枣…………………………………………………（33）
十、七月鲜……………………………………………………（34）
十一、京枣 39 …………………………………………………（35）
十二、板枣……………………………………………………（36）
十三、骏枣……………………………………………………（37）
十四、壶瓶枣…………………………………………………（39）
十五、晋枣……………………………………………………（40）
十六、赞新大枣………………………………………………（41）
十七、鸣山大枣………………………………………………（42）
十八、金丝 3 号………………………………………………（43）
十九、金丝 4 号………………………………………………（44）

二十、金昌 1 号……………………………………………………(45)
二十一、沧无 1 号…………………………………………………(46)
二十二、相枣…………………………………………………………(47)
二十三、官滩枣………………………………………………………(48)
二十四、无核小枣……………………………………………………(49)
二十五、乐陵无核 1 号……………………………………………(50)
二十六、圆铃 1 号…………………………………………………(51)
二十七、圆铃 2 号…………………………………………………(52)
二十八、乐金 3 号…………………………………………………(53)
二十九、宣城圆枣……………………………………………………(53)
三十、宣城尖枣………………………………………………………(54)
三十一、义乌大枣……………………………………………………(55)
三十二、龙枣…………………………………………………………(56)
三十三、磨盘枣………………………………………………………(57)
三十四、茶壶枣………………………………………………………(58)
三十五、胎里红………………………………………………………(59)

第五章　枣树苗木繁育

第一节　苗木繁育方法 ……………………………………………(61)
一、根蘖繁殖…………………………………………………………(61)
二、归圃育苗…………………………………………………………(63)
三、嫁接育苗…………………………………………………………(66)
四、嫩枝扦插育苗……………………………………………………(76)
五、起苗、分级、包装、运输和假植 ………………………………(79)
第二节　建立枣树良种采穗圃 ……………………………………(82)
一、采穗圃地点的选择………………………………………………(82)

二、采穗圃的规模……………………………………………………（83）
三、采穗品种和苗木的选择……………………………………………（83）
四、采穗圃栽植模式……………………………………………………（83）
五、采穗圃的管理………………………………………………………（83）

第六章　枣树栽植技术

第一节　枣树园地选择 ……………………………………………（85）
第二节　枣树栽植时期 ……………………………………………（87）
第三节　枣树栽植模式 ……………………………………………（87）
一、平原枣树栽植模式…………………………………………………（87）
二、丘陵梯田枣树栽植模式……………………………………………（88）
三、丘陵坡地枣树栽植模式……………………………………………（89）
四、城郊枣树栽植模式…………………………………………………（91）
五、“四旁”和庭院枣树栽植模式……………………………………（91）
六、野生酸枣就地嫁接良种栽培枣……………………………………（92）
第四节　枣树栽植技术要点 ………………………………………（99）
一、选用壮苗……………………………………………………………（99）
二、及时剪掉二次枝 …………………………………………………（100）
三、确保根系发达 ……………………………………………………（101）
四、大坑栽植，施足底肥……………………………………………（101）
五、根部浸泡与用植物生长调节剂处理 ……………………………（101）
六、栽植深度适宜 ……………………………………………………（102）
七、栽后浇水 …………………………………………………………（103）
八、覆盖地膜 …………………………………………………………（103）
第五节　盐碱地的枣树栽植技术……………………………………（104）
一、选择耐盐碱的枣树品种 …………………………………………（105）

二、挖沟放水排盐碱 ……………………………………（105）
三、大坑栽植，换土铺沙……………………………………（106）
四、多施有机肥 ………………………………………………（106）
五、大水灌溉洗盐碱 ……………………………………（107）
六、坑底置放生物隔盐层 ……………………………………（107）
七、坑壁贴套塑料薄膜 ……………………………………（107）

第七章　枣树高接换种

第一节　枣树高接换种的意义……………………………（108）
第二节　枣树高接换种的概况……………………………（109）
第三节　枣树高接换种的要领……………………………（110）
一、高接部位锯口不宜过粗 ……………………………（110）
二、高接换种要一次完成 ……………………………（110）
三、高接的时期和方法 …………………………………（111）
四、搞好高接后的管理 …………………………………（111）

第八章　枣园科学管理技术

第一节　枣园土壤管理………………………………………（114）
一、秋耕枣园与翻刨树盘 ………………………………（114）
二、炮震松土 …………………………………………………（114）
三、在树行和树盘进行生物覆盖 ………………………（114）
四、清除根蘖苗 ……………………………………………（115）
五、中耕除草 …………………………………………………（115）
第二节　枣园施肥………………………………………………（115）
一、肥料种类和施肥时期 …………………………………（116）

二、施肥数量和施肥方法 ……………………………………………（120）
第三节　枣园灌溉和水土保持…………………………………………（123）
一、枣园灌溉 ……………………………………………………………（124）
二、枣园水土保持 ………………………………………………………（124）
第四节　枣树整形修剪…………………………………………………（128）
一、枣树整形修剪的原则 ………………………………………………（128）
二、枣树整形修剪的时期 ………………………………………………（129）
三、枣树整形修剪的方法 ………………………………………………（130）
四、枣树整形修剪的科学操作 …………………………………………（134）
第五节　枣园间作………………………………………………………（142）
一、枣园间作的意义和生物学基础 ……………………………………（142）
二、枣园间作的模式 ……………………………………………………（143）
三、枣园间作物的选择原则 ……………………………………………（143）
四、适合枣园间作的主要作物 …………………………………………（144）
第六节　枣树的促花促果技术…………………………………………（153）
一、枣头摘心 ……………………………………………………………（153）
二、环状剥皮 ……………………………………………………………（154）
三、灌水与喷水 …………………………………………………………（156）
四、枣园放蜂 ……………………………………………………………（156）
五、喷施植物生长调节剂和微肥 ………………………………………（157）

第九章　枣树主要病虫害的安全防治

第一节　枣树主要病害的安全防治……………………………………（160）
一、枣疯病 ………………………………………………………………（160）
二、枣锈病 ………………………………………………………………（166）
三、枣缩果病 ……………………………………………………………（167）

四、枣炭疽病 ……………………………………………………（168）
第二节 枣树主要虫害的安全防治……………………………（171）
一、枣尺蠖 ………………………………………………………（171）
二、枣粘虫 ………………………………………………………（173）
三、桃小食心虫 …………………………………………………（175）
四、食芽象甲 ……………………………………………………（177）
五、枣龟蜡蚧 ……………………………………………………（178）
六、枣瘿蚊 ………………………………………………………（180）
七、黄刺蛾 ………………………………………………………（182）
八、山楂叶螨 ……………………………………………………（184）

第十章 枣果的采收、贮藏与加工

第一节 枣果的采收……………………………………………（186）
一、采收时期 ……………………………………………………（186）
二、采收方法 ……………………………………………………（186）
第二节 枣果的贮藏……………………………………………（188）
一、鲜枣的贮藏 …………………………………………………（188）
二、干枣的贮藏 …………………………………………………（198）
第三节 枣果的加工……………………………………………（199）
一、干枣的晾晒制作 ……………………………………………（199）
二、金丝蜜枣的加工 ……………………………………………（204）
三、酒枣的加工 …………………………………………………（207）
四、玉枣的加工 …………………………………………………（208）
五、枣泥的加工 …………………………………………………（210）
六、枣汁的加工 …………………………………………………（212）

附 录

一、枣树无公害生产周年管理工作历 …………………… (215)
二、国家禁止使用的化学农药 ……………………………… (217)
三、国家不再核准登记的部分农药 ………………………… (217)
四、可供无公害枣园选用的农药品种 ……………………… (218)
主要参考文献……………………………………………… (222)

第一章 枣树无公害栽培的概念与意义

随着我国社会主义市场经济的发展,人们生活水平的提高和保健意识的增强,食物结构必然地随之改变。消费者对食品的需求,逐步由“数量型”向“质量型”转变,对食(果)品的数量、质量、营养状况和保健功能均有了新的要求,特别是对食(果)品的安全性引起了高度的重视,无公害的绿色食(果)品越来越受到消费者的关注,成为消费者追求的目标。

一、枣树无公害栽培及无公害枣果的概念

枣树无公害栽培,同其他果树的无公害栽培一样,是遵循可持续发展的原则,按照特定的生产方式,在安全的生态环境中,在果品生产的全过程中,实施无公害化的生产技术,生产无污染、安全、优质、营养性无公害枣果。无公害枣果,从产地环境,生产技术规程,产品质量和产品的贮藏、加工与运输等方面,都要达到国家规定的安全质量标准,而且要经国家专门机构检测和认定,获得国家专门机构发放的无公害食(果)品证书,允许使用无公害食(果)品标志。

我国的绿色果品,是较高层次的无公害果品。绿色果品分为AA级和A级两种。AA级绿色果品系指产地环境条件符合NY/T 391-2000要求,生产过程中不使用化肥、农药和其他有害于环境与人体健康的物质,产品质量符合绿色果品的标准,经专门机构认定,可使用AA级绿色果品标志。A级绿色果品系指产地环境条件符合NY/T 391-2000要求,生产过程中严格执行绿色果品生产技术规程,允许限量使用限定的化学合成物质,产品质量符合绿色

果品标准，经专门机构认定，可使用A级绿色果品标志。

二、枣树无公害栽培的意义

枣树，是我国特有的果树资源。其主要特点是：结果早，盛果期和寿命期长，营养丰富，用途广，栽培容易，适应性强。自古以来，它深受人们的喜爱，枣果被赞誉为“木本粮食”，枣树被赞誉为“铁杆庄稼”。在重点枣产区，枣的收入占到总收入的80%以上，成为枣农的主要经济来源。党的十一届三中全会之后，特别是20世纪90年代以来，在党的富民政策指引下，我国枣树产业有了飞跃的发展。枣树是北方地区近几年来发展力度最大、发展数量最多的落叶果树之一。至2000年，全国枣树面积已近100万公顷，年产鲜枣15亿千克。到目前为止，我国枣出口虽然数量不多，销往的国家和地区也主要是东南亚华人区。但我国仍是世界上枣果的主要生产国和惟一出口国。

如今，我国已加入世界贸易组织（WTO），据业内人士分析，在世界果品市场上，枣是具有较强竞争力的产品，发展空间很大。但是必须实施无公害栽培，生产无公害的质量安全枣果及其加工产品。只有枣产品质量上档次，依靠过硬的产品质量，才能与国际市场接轨，在世界果品市场上占有一席之地，并在激烈的市场竞争中立于不败之地。

当今世界环境污染日趋严重，食品安全问题已逐步引起人们的关注，国内外消费者都需求绿色食品。对于枣果来说，同样也是如此。在这种形势下，认真搞好枣树无公害生产，就可以更好地适应国内外市场需求，促进枣业的健康发展，有效地增加枣农的收入，改善生态环境，提高人们的生活和生存质量，加快农村小康社会建设步伐。使我国特有的枣树资源，发挥应有的生产潜力，取得更好的经济效益、生态效益和社会效益。

第二章 无公害枣的质量标准

一、无公害果品质量标准具有特定的内容

无公害果品,不是任意所指的果品。它是具有特定内涵、质量达到特定标准的果品。无公害果品的质量标准,含理化标准和卫生标准。理化标准是衡量无公害果品质量优劣高低的主要依据,包括可溶性固形物、总糖和总酸等指标,有的还包括单果重、可食率和维生素 C 含量等。卫生标准是无公害果品的安全保障,其内容包括农药残留的最高限量,稀土、氟和重金属砷、铅、铬、镉、汞与铜的最大允许含量。

果树无公害栽培,包括枣树在内,其所产果品都必须符合相应的无公害标准,达到质量的安全要求。

二、无公害枣果的适用质量标准

2001 年,我国农业部开始实施“无公害食品行动计划”,力争用 5 年的时间,使大多数农产品及其加工产品的质量达到无公害食品的标准。2002 年,农业部农产品质量安全中心将苹果、柑橘、香蕉、芒果、鲜食葡萄、梨、草莓、猕猴桃、桃和西瓜等 10 种水果列入《第一批实施无公害农产品认证的产品目录》,制定和颁布了 10 种水果的产品标准(表 2-1),生产基地环境条件及生产技术规程,并已在无公害生产中开始实施。农业部已安排有关重点产枣省制定枣产品无公害质量标准和生产技术规程。在其正式颁布之前,进行枣树无公害栽培,可参照 2002 年农业部农产品质量安全中心对苹果等 10 种水果所制定和颁布的产品质量标准,生产基地环境条件和生产技术规程实施。

表 2-1　无公害水果中有害物质及农药残留的限量

果类 有害物质和农药名称	残留限量(mg/kg)									
	苹果	梨	桃	鲜食葡萄	草莓	猕猴桃	柑橘	香蕉	芒果	西瓜
砷(以 As 计)	0.5	0.5	—	0.5	0.5	0.5	0.5	0.5	0.5	0.5
铅(以 Pb 计)	0.2	0.2	0.2	0.2	0.2	0.2	0.2	0.2	0.2	—
铬(Cr 计)	—	—	—	—	—	—	—	0.5	0.5	—
镉(以 Cd 计)	0.03	0.03	—	0.05	0.03	0.03	—	0.03	0.03	—
汞(以 Hg 计)	0.01	0.01	0.01	0.01	0.01	0.01	0.01	0.01	0.01	—
铜(以 Cu 计)	10	—	—	—	—	—	—	10	10	—
氟(以 F 计)	0.5	—	—	—	—	—	—	0.5	0.5	0.5
亚硝酸盐和硝酸盐	—	—	—	—	—	—	—	—	—	4
六六六	0.2	—	—	—	—	—	—	0.2	—	—
滴滴涕	0.1	—	—	—	—	—	—	0.1	—	—
敌敌畏	0.2	—	0.2	0.2	—	—	0.2	0.2	0.2	—
敌百虫	0.1	—	—	0.1	—	—	—	0.1	—	—
乐　果	1	—	1	—	1	1	2	1	—	1
辛硫磷	0.05	0.05	0.05	—	0.05	—	0.05	—	—	0.05
对硫磷	—	—	—	—	—	—	—	※	—	—
马拉硫磷	※	—	—	—	—	—	—	—	—	—
溴氰菊酯	0.1	0.1	0.1	0.1	—	—	0.1	0.1	—	—
除虫脲	1	—	—	—	—	—	1	—	—	—
百菌清	—	—	1	1	—	—	—	—	—	1
多菌灵	0.5	0.5	0.5	0.5	0.5	0.5	—	—	—	0.5

注：1.—为未作规定；　2.※为不得检出

第三章　枣无公害栽培的环境条件

生态环境与果品污染有密切关系。实施果树无公害栽培，生产无公害果品，就必须使所栽培的果树生长在水质、土质与空气质量安全的生态环境中。建园时，必须注重地点的选择，应选择空气安全、水质洁好、土壤无害，远离城市、工矿区、公路和铁路交通要道，附近没有污染源，生态环境良好的地方。产地环境条件要符合国家(NY/T 391-2000)标准要求。枣无公害栽培，其环境条件，也应如此。

一、大气环境质量标准及检测

进行枣无公害栽培的园地，其空气环境质量必须是安全的。空气中的总悬浮颗粒物(TSP)、二氧化硫、氮氧化物和氟化物等四种主要污染物，任何一天和任何一小时的平均含量，都要符合国家规定的标准。总悬浮颗粒物任何一天的平均含量≤0.3 毫克/立方米，二氧化硫任何一天和任何一小时的平均含量≤0.15 毫克/立方米和 0.5 毫克/立方米，氮氧化物(NO_3)任何一天和任何一小时的含量≤0.1 毫克/立方米和 0.15 毫克/立方米，氟化物任何一天和任何一小时的含量≤7 毫克/立方米和 20 毫克/立方米。

在进行大气环境质量检测时，要连续采样 3 天，每天早晨、中午、晚上各一次，求得平均值，方可作为有效的参数使用。

二、灌溉水质量标准及检测

进行枣无公害栽培的灌溉水，必须清洁安全，其有害物质含量符合国家农田灌溉水规定的限量标准。其 pH 值 5.8～8.5 的水中，总汞、总镉、总砷、总铅、六价铬和氟化物六种主要污染物含量

(毫克/千克),要求分别≤0.001,0.005,0.005,0.001,0.001 和 2。

灌溉水的检测,在灌溉期间进行,采取水样的点,要选在灌溉水口上,各项数值应为灌溉期多次测定的平均值。

三、土壤环境质量标准及检测

土壤污染情况,对果树生长及果实的安全性状,影响最大。因此,确保土壤的安全无害性,使其各项污染物含量都在国家规定的标准之内,对于包括枣树在内的果树无公害栽培,具有非常重要的意义。

国家农业部 2000 年 3 月 2 日发布的农业行业标准 NY/T 391-2000《绿色食品　肥料使用准则》中,关于绿色食品的产地环境质量标准,规定了各种污染物的含量限值(表 3-1)。无公害枣园地的土壤质量,应达到国家土壤环境质量二级标准以上。生产中,参照表 3-1 执行。

表 3-1　生产绿色果品对土壤污染物的限量要求

项　目		限　量		
		一　级	二　级	三　级
pH 值		<6.5	6.5~7.5	>7.5
镉 mg/kg	≤	0.30	0.30	0.40
汞 mg/kg	≤	0.25	0.30	0.35
砷 mg/kg	≤	0.25	0.20	0.20
铅 mg/kg	≤	50	50	50
铬 mg/kg	≤	120	120	120
铜 mg/kg	≤	100	120	120
六六六 mg/kg	≤	0.05	0.05	0.05
滴滴涕 mg/kg	≤	0.05	0.05	0.05

进行无公害枣园地土壤质量检测,应根据园地条件与面积,确定采样点的多少、采样单元的面积和采样的深度。一般1~2公顷为一个采样单元,采样深度为0~60厘米,多点(5个点)混合为一个土壤样品。样品多时,采用四分法,将多余的予以弃去,留1千克左右供分析检测。各个项目的质量测定采样和数理统计,均需按相关检测方法的具体规定执行。

第四章　枣树的主栽品种和名、优新品种

第一节　主栽品种

枣树，抗逆性和适应性强，在全国分布很广，栽培历史悠久，种质资源丰富，名、优品种较多。据不完全统计，到目前为止，全国的枣树品种有700多个。其中栽培最多，年产鲜枣5000万千克以上的主栽品种，有金丝小枣、中阳木枣、婆枣、圆铃枣、长红枣、扁核酸、灰枣、灵宝大枣、赞皇大枣和油枣等。这些主栽品种的基本情况及栽培要点如下：

一、金丝小枣

（一）品种来源

金丝小枣，主要分布于河北沧县、献县、泊头和山东乐陵、无棣、庆云等县、市，为当地主栽品种，也是全国栽培规模最大，产量最多的品种。仅沧县，金丝小枣园的面积为4万公顷，年产鲜枣近2亿千克。金丝小枣是一个古老的品种，在封建社会曾被作为献给皇帝的贡品。新中国成立后，在全国历届枣品种评比和产品展销中，金丝小枣多次获得金奖。该品种的果实晾晒至半干时，掰开枣果可拉出5厘米以上长的金色细丝，故名“金丝小枣”。

（二）主要性状

金丝小枣树势中等，树体中大，干性中强，枝条中密，树姿半开张。枣头黄褐色，萌发力中等，针刺较发达。枣股中大，抽吊力较强，枣吊中长。叶较大，长卵形，深绿色，叶缘锯齿浅。花中大，花

量多，为昼开型。果实小，果形有椭圆形、倒卵形和鸡心形等多种。平均单果重5克左右。果皮薄，鲜红色，果面光滑。果肉厚，乳白色，肉质细脆，味甜微酸。品质上等，为鲜食、制干和加工蜜枣兼用品种。其制干率为55%～58%。鲜枣可食率为95%～97%，含可溶性固形物34%～38%，维生素C 560毫克/100克。干枣果形饱满，色泽深红，果面皱纹浅，果肉细，富弹性，耐贮运，味清甜，品质优。干枣含糖(总糖)74%～80%，酸(总酸)1%～1.5%。核小，纺锤形。在品种圃栽培，含仁率较高，种仁较饱满。

金丝小枣结果较迟，但坐果率高，丰产稳产。栽培管理较好的水地枣园，每667平方米可产鲜枣1000千克。在原产地，4月中旬萌芽，5月底始花，9月下旬果实完熟。果实生育期为100天左右。

(三)适栽地区

金丝小枣适应性强，产量较高而稳定，品质好，用途广，适宜于北方年均气温在9℃以上的地区栽培。但在年均气温9℃以下的地区，其果实成熟度差，对干枣品质有一定的不利影响。

(四)栽培技术要点

1. 继续进行良种选育推广工作 金丝小枣栽培历史悠久，变异类型较多，应继续进行株系选优，加快已选优系苗木繁育，调整品种比例，扩大良种规模，提高品种档次。

2. 进行中密度栽培 金丝小枣树体中大，适宜采取中等密度进行栽培。平原纯枣园，其株行距以3米×5米为宜。枣粮间作时，以枣为主者，株行距为3～4米×7～8米；枣粮兼顾者，其株行距为3～4米×9～10米；以粮为主者，其株行距为3～4米×12～15米。

3. 进行规范化栽培 要选用高质量的合格苗木，进行规范化栽植，以提高苗木栽植成活率。

4. 以采用主干疏层形树形为主 该品种干性中强，其树形以主干疏层形为主。密植枣园可采用小冠疏层形和开心形等。并采用强树环剥或环割，枣头摘心，大枝开张角度等控冠修剪措施。

5. 进行综合栽培管理 加强枣园综合管理，逐步实施无公害栽培。生产无公害枣果，以适应国内、外市场的需求。施肥以有机肥为主。施肥时期，以秋季早施为宜。施肥方法，一般采用沟施。水地枣园于萌芽期、开花期、幼果生长期和土壤封冻前，各灌水一次。要合理间作，在枣园种植绿肥作物和进行秸秆覆盖。丘陵旱地枣园，要做好水土保持工作。花期遇到干旱时，要进行树冠喷水。在生长期，要进行叶面喷肥，并结合喷施硼酸等促花坐果生长调节剂和微肥。

6. 采用无公害方法防治病虫害 病虫害防治以人工防治和生物防治为主。如清洁枣园，刮树皮，对树干和主枝束草，剪除病、虫枝，捡拾落果，利用性诱剂诱杀成虫等。

7. 注意防止裂果 枣果成熟期遇雨后易发生裂果，应注意加以防治。

8. 按用途适时采收 金丝小枣为兼用品种，要根据不同用途，适时采收。用于鲜食者，于脆熟期采收。用于制干者，于完熟期采收，以利于提高制干率和干枣质量。制干方法，以烘烤为好。这样做可缩短制干时间，使干枣能早上市销售。

二、中阳木枣

(一)品种来源

中阳木枣，又名吕梁木枣、木枣、绥德木枣。该品种主要分布于山西吕梁地区的临县、柳林、石楼和陕西榆林地区的佳县、清涧等黄河中游沿岸的县、市，为当地主栽品种，也是全国仅次于金丝小枣栽培最多的品种。栽培历史悠久，陕西清涧县王宿里村至今尚有千年生以上的古枣树林。

(二)主要性状

中阳木枣树势较强，树体较大，干性中强，枝条中密，树姿开张。枣头红褐色,萌发力中等,生长势较强,针刺较发达。枣股较大,抽吊力中等,枣吊中长。叶中大,长卵形,深绿色,叶缘锯齿粗。花较大,花量多,昼开型。果实中大,圆柱形,平均单果重 14 克左右,大小较均匀。果皮厚,深红色,果面光滑。果肉厚,绿白色,肉质较硬,味酸甜,汁液中多。品质中上,适宜制干,也可鲜食和加工蜜枣。鲜枣可食率为 96.4%,含可溶性固形物 28.5%,酸 0.79%,维生素 C 461.7 毫克/100 克,钙 0.356%,镁 0.245%,锰 4.298 毫克/千克,锌 9.144 毫克/千克,铜 3.183 毫克/千克,铁 21.453 毫克/千克,每克鲜枣果肉含环磷酸腺苷(CAMP)302.5 纳摩。干枣含糖 72%,酸 1.34%,维生素 C 8.25 毫克/100 克,钙 0.15%,镁 0.09%,锰 5.33 毫克/千克,铜 2.04 毫克/千克,铁 28.33 毫克/千克,每克干枣果肉含环磷酸腺苷 672.22 纳摩,总氨基酸 2.74 克/100 克。

中阳木枣结果较早,枣头结实力较强,较丰产,产量稳定。盛果期大树,株产鲜枣 50~100 千克,最高株产达 362 千克。该品种在山西太谷,4 月中旬萌芽,5 月下旬始花,9 月下旬脆熟,10 月 10 日左右完熟,果实生育期为 110 天左右。10 月下旬落叶,年生长期在 190 天以上。

(三)适栽地区

中阳木枣抗逆性强,适应性广。较丰产,产量稳定,果实富含环磷酸腺苷,具有开发前景。适宜于在黄河流域黄土丘陵地区栽培。

(四)栽培技术要点

1. 在完熟期采收 中阳木枣是以果实制干为主的品种,枣果要在完熟期采收,以提高制干率和品质。

2. 进行株系选优 该品种栽培历史久,变异类型多,品质差异大,应广泛开展株系选优,加快优系苗木繁育。对一般木枣要逐步改良,以提高品种档次。

3. 加强水土保持 中阳木枣主要分布在黄河中游丘陵干旱山区，水土流失严重，要搞好水土保持。

4. 注意防治枣疯病 有的枣产区枣疯病发生较严重，如陕西清涧，年产鲜枣3000万千克以上，枣疯病危害株率达4%左右，对枣树产业已造成一定损失，要引起重视，进行防治。

5. 注意预防裂果 枣果成熟期间，多雨年份裂果也较严重，要注意预防。并要在枣区建立烤房烘烤枣果，以减少雨裂损失。

6. 实行无公害栽培 为适应国内、外市场需求，提高枣果质量，今后要逐步实施无公害栽培技术。

7. 进行规范化栽培 丘陵山区栽植枣树，除梯田外，坡耕地以隔坡水平沟模式为宜。为提高苗木成活率，要按照规范化栽植技术进行。

8. 掌握好株行距 中阳木枣树体中大，在丘陵山区栽植，株行距以3～4米×5～6米为宜。

三、婆　枣

（一）品种来源

婆枣，又名串干枣、阜平大枣、新乐大枣。婆枣主要分布于河北西部的阜平、行唐、曲阳和新乐等太行山中段丘陵地带，为当地主栽品种，也是河北和全国主要品种之一。婆枣栽培历史悠久。目前阜平县北水峪村仍有近千年的古老枣树。

（二）主要性状

婆枣树势强，树体较大，干性强，枝条中密，粗壮，树姿半开张。枣头紫褐色，生长势强，针刺发达。枣股中大，抽吊力中等，枣吊较短或中长。叶中大，卵圆形，深绿色，叶缘锯齿浅。花中大，花量较少，为昼开型。果实中大，长圆形，平均单果重11.5克，大小较均匀。果皮较薄，紫红色，果面光滑。果肉厚，乳白色，肉质较粗松，味较甜，汁液少，品质中等，适宜制干，制干率为53.1%。鲜枣含可溶性固形物26%,可食率为95.4%。干枣含糖73.2%,酸1.44%。核小,纺锤形,多无种仁。

婆枣结果迟,但产量高而稳定。在产地枣果9月下旬成熟,果实生育期为105天左右。

(三)适栽地区

婆枣适应性强,耐旱、耐瘠,产量高而稳定。适宜制干,干枣品质中上。适宜于北方丘陵山区栽培。

(四)栽培技术要点

第一,婆枣产地枣疯病危害较严重,应注意防治。

第二,枣果成熟期遇雨易裂果,应注意预防。

第三,婆枣以制干为主,应在完熟期采收。

第四,要开展株系选优,对现有枣树逐步进行改良,以提高品种档次。

第五,婆枣主要分布在丘陵山区。进行栽培管理时,要做好水土保持工作。

第六,今后要逐步实施无公害栽培技术,生产市场需求的无公害产品。

四、圆铃枣

(一)品种来源

圆铃枣,又名紫铃、圆红、紫枣等。圆铃枣原产于山东聊城和德州等地区,以在平、聊城和齐河等县、市栽培较集中,是山东省栽培最多的品种,也是全国主栽品种之一。

(二)主要性状

圆铃枣树势强,树体较大,枝条较密,树姿开张。枣头红棕色,萌发力较强,针刺较发达。枣股中大,抽吊力中等,枣吊中长。叶中大,卵圆形,深绿色,叶缘锯齿细。花较大,花量中多,7时半左右蕾裂。果实大或中大,近圆形或长圆形,平均单果重12.5克,大小不均匀。果皮较厚,紫红色,果面不平滑。果肉厚,绿白色,肉质较粗,味甜,汁液少,适宜制干。干枣品质上等,制干率为60%~62%。鲜枣含可溶性固形物31%~35.6%,可食率为97%。干枣含糖74%~76%,酸0.8%~1.4%。核小,纺锤形,多无种仁。

圆铃枣结果晚,较丰产,产量较稳定。在产地4月中旬萌芽,5月下旬始花,9月上中旬果实成熟,果实生育期95天左右。

(三)适栽地区

圆铃枣较丰产,产量稳定。适宜制干,制干率高,干枣品质上等。果实生育期较短,成熟期遇雨抗裂果。适宜于北方宜枣地区栽植。

(四)栽培技术要点

第一,圆铃枣为制干品种,应在完熟期采收。

第二,山东果树研究所从圆铃枣中选出的圆铃1号和圆铃2号,现已通过省级农作物品种审定委员会审定,可作为圆铃枣替代品种。

第三,圆铃枣树体较大,宜采用中密度栽植。在平原纯枣园,其株行距为3米×4米。枣粮间作者,株行距为3米×8~15米。山区丘陵梯田栽植者,株行距为3~4米×4~5米。在坡地,采用水平沟模式栽植,株行距为3×5~6米。平地建园时,要留树行营养保护带。

第四,合理进行间作,枣园种植绿肥,逐步实施无公害栽培技术。施用的肥料以有机肥为主。病虫害防治,以人工防治和生物防治为主,尽量不用或少用化学农药。

第五,水地枣园,在枣树的萌芽期、开花期和幼果膨大期,以及土壤封冻前,各灌水一次。在丘陵山区旱地枣园,要做好水土保持工作。

第六,树形以主干疏层形为主。

第七,栽植技术可参照金丝小枣。

五、长红枣

(一)品种来源

长红枣,是山东省主栽品种之一,主要分布于宁阳、曲阜、泗水和邹县等地。该品种栽培历史悠久,庆云县周伊村至今还有1300年前的古老枣树。在长期的栽培过程中,长红枣已演变出多种类型,形成长红枣品种群,其中细腰长红是长红枣品种群中的重要品种。

(二)主要性状

该品种树势强,树体大,干性强,发枝中等,树姿直立。枣头深褐色,针刺发达,二次枝较细弱。枣股中大,老龄枣股有分枝现象。抽吊力中等,枣吊长12~20厘米。叶中大,披针形,深绿色,叶缘锯齿粗。花小,花量中多,为昼开型。果实中大,长柱形,平均单果重8.3克,大小较均匀。果皮较厚,赭红色。果肉厚,绿白色,肉质致密,较硬,适宜制干。制干率为45%~48%,干枣品质中上。鲜枣含可溶性固形物31%~33%,可食率为97.2%。核小,细长菱形,多无种仁。

该品种结果较晚,但产量高而稳定,盛果期大树,平均株产鲜枣50~80千克,最高株产量达250千克。在产区,枣果于9月底成熟,果实生育期为110天左右。

(三)适栽地区

长红枣适应性强,抗旱,耐盐碱,耐瘠薄,丰产稳产,干枣品质中上,枣果成熟期遇雨一般不裂果。适宜于北方开花期气温较高的地区栽植。

(四)栽培技术要点

第一,长红枣为制干品种,宜完熟期采收。

第二,宜选择开花期气温较高地区栽植。

第三,其他栽培技术,可参照圆铃枣的栽培技术进行。

六、扁核酸

(一)品种来源

扁核酸,又名酸铃、铃枣、鞭干等。主要分布于河南黄河故道的内黄、浚县和濮阳等县、市,为河南栽培面积最大、鲜枣产量最多的品种。栽培历史已有2000多年。

(二)主要性状

扁核酸树势强,树体较大,枝条中密,树姿开张。枣头棕褐色,针刺较发达。枣股小,抽吊力中等或较强,枣吊中长。叶较小,卵圆形,深绿色,叶缘锯齿粗。果实中大,椭圆形,平均果重10克,大小不很均匀。果皮较厚,深红色,果面平滑。果肉厚,绿白色,肉质粗松,味甜酸,汁液少,适宜制干和加工枣汁。制干率为56.2%,干枣品质中等。鲜枣含可溶性固形物27%~30%,可食率为96%。干枣含糖69.8%,酸0.47%,维生素C 22毫克/100克。核小,纺锤形,多无种仁。

扁核酸结果较迟,但当年枣头结实力强,丰产,产量稳定,成龄大树株产鲜枣40~50千克。在山西太原地区,该品种于4月中旬萌芽,5月底始花,9月下旬果实脆熟,果实生育期为100天左右;10月中旬落叶,年生长期为180天左右。

(三)适栽地区

该品种适应性强,耐旱、耐涝、耐瘠、耐盐碱,北方宜枣地区均可栽植。丰产稳产,品质中等,适宜制干和加工枣汁。可在原产地适当发展。

(四)栽培技术要点

第一,扁核酸用于制干,应在完熟期采收。

第二,产地枣疯病较严重,应注意预防。

第三,其他栽培技术可参照金丝小枣的栽培技术进行。

第四,扁核酸栽培历史悠久,种性变异较大,应注意优良株系的选择和优系苗木的繁育，并对现有品种逐步进行改良，以提高品种档次。

七、灰　枣

(一)品种来源

灰枣，又名大枣。分布于河南新郑、中牟与西华等县、市和郑州市郊区，为当地主栽品种。起源于新郑，已有2 700多年的栽培历史。

(二)主要性状

灰枣树势中等，树体较大，树姿半开张，干性中强。枣头红褐色，针刺较发达。枣股中大，抽吊力较强，枣吊中长。叶中大，长卵形，叶缘锯齿浅，深绿色。花中大，花量多，为昼开型。果实中大，短柱形，平均单果重12.3克，大小较均匀。果皮中厚，橙红色，果面平滑。果肉厚，绿白色，肉质致密，味甜，汁液中多，品质上等。适宜制干、鲜食和加工蜜枣，制干率为50%左右。鲜枣含可溶性固形物30%，可食率为97.3%。核小，纺锤形，含仁率高，种仁较饱满。

灰枣结果较迟，根蘖苗一般第三年开始结果。产量较高，而且比较稳定。在产地，该品种于4月中旬萌芽，5月下旬始花，9月中旬成熟，果实生育期为100天左右。

(三)适栽地区

灰枣适应性较强，产量较高而稳定，干枣品质优良。它被引进新疆阿克苏地区栽培后，表现良好。适宜于原产地和新疆南部地区栽培。

(四)栽培技术要点

第一，灰枣是一个古老的品种，种性已有变异，要进行株系选优，以提高品种质量。

第二，灰枣为以制干为主的优良品种。用于制干枣果应在完熟期采收，以提高制干率和干枣质量。

第三，枣果成熟期遇雨易裂果，应注意预防。

第四，为提高市场竞争力和栽培效益，今后要逐步实施无公害栽培，生产无公害枣果，合理应用传统的管理技术。

第五，其他栽培技术，可参考金丝小枣的栽培技术。

八、灵宝大枣

(一)品种来源

灵宝大枣，又名灵宝圆枣、圪瘩枣、屯屯枣(山西)。主要分布于河南西部和山西南部交界处的黄河两岸。以河南灵宝、陕县和山西芮城、平陆等县、市栽培较集中。为当地主栽品种，也是全国主要品种之一。

(二)主要性状

灵宝大枣树势强，树体大，干性较强，枝条粗壮，树姿较直立或半开张。枣头紫褐色，针刺较发达。枣股中大，抽吊力中等，枣吊中长。叶片小而较厚，卵圆形，深绿色。花小，花量少，有间断着花习性，花期每日 6 时半左右蕾裂。果实大，扁圆形，平均单果重 22.3 克，大小较均匀。果皮较厚，紫红色，果面有较明显的五棱突起。果肉厚，绿白色，肉质致密，味甜略酸，汁液少，品质中上。适宜制干和加工无核糖枣，制干率为 51%。鲜枣可食率为 96.81%，含可溶性固形物 32.4%，维生素 C 359.47 毫克/100 克，每克鲜枣果肉含环磷酸腺苷 7.5 纳摩。干枣含糖 70.17%，酸 1.11%，每克干枣果肉含环磷酸腺苷 22.73 纳摩。核小，椭圆形，含仁率较高，种仁较饱满。

灵宝大枣虽结果迟，但在产地产量较高。其成龄大树最高株产鲜枣 150 千克。在产地，该品种于 4 月中旬萌芽，5 月下旬始花，9 月中旬果实成熟，果实生育期为 110 天左右。

（三）适栽地区

灵宝大枣，在产地的生长、结果和品质状况，均表现良好。2000年9月，在乐陵全国红枣品种评比中，灵宝选送的样品被评为金奖。该品种适宜于原产地和类似原产地生态区栽培。

（四）栽培技术要点

第一，灵宝大枣成熟期落果较严重，应注意防治。

第二，灵宝大枣栽培历史久，种性已发生变异，应进行株系选优和优系苗木的繁育与推广。

第三，用于制干的枣果，应在完熟期采收，以利于提高干枣的质量。

第四，今后应逐步实施无公害栽培，生产无公害枣果，以适应国内、外市场需求。

九、油　枣

（一）品种来源

油枣分布于黄河中游沿岸的山西保德、兴县和陕西佳县、府谷等县，为当地主栽品种，年产鲜枣为5 000万千克左右，以保德、兴县和佳县栽培集中。油枣栽培历史悠久。在佳县泥河沟村，现在仍有唐代栽植的老枣树。其干周为3.2米，树冠完整，每年可产鲜枣50千克左右。

（二）主要性状

油枣树势较强，树体较大，干性较弱，树姿开张。枣头红褐色，生长势较强，针刺较发达。枣股较大，抽吊力中等，枣吊中长。叶中大，长卵形，深绿色，叶缘锯齿细。花大，花量较多，为昼开型。果实中大，椭圆形，平均单果重11.5克，大小较均匀。果皮中厚，深红色，果面光滑。果肉厚，绿白色，肉质致密，味甜酸，汁液中多，品质中上。制干、鲜食和蜜枣加工兼用，制干率为50%左右。鲜枣可食率为97.32%，含可溶性固形物33.6%，酸0.73%，维生素C

511.44毫克/100克，钙0.263%，镁0.087%，锰4.76毫克/千克，锌7.103毫克/千克，铜2.6毫克/千克，铁21.876毫克/千克。干枣含可溶性固形物75.9%，糖71.29%，酸1.87%，维生素C 26.6毫克/100克，钙0.16%，镁0.089%，锰4.988毫克/千克，铜2.245毫克/千克。核小，纺锤形，无种仁。

油枣结果较早，盛果期和寿命长。当年枣头坐果率高，丰产，产量较稳定。在山西太谷，油枣于4月中旬萌芽，5月下旬始花，枣果于10月上旬完熟，10月中下旬落叶，年生长期为185天左右。

（三）适栽地区

油枣适应性强，丰产，产量较稳定，品质中上。在1997年10月山西省的首届干果评比中，被评为省内十大名枣中的第七名。在2000年9月山东乐陵全国红枣品种评比中，被评为银奖。油枣适宜在产地适量发展。

（四）栽培技术要点

第一，油枣栽培历史久，种性已发生变异，应开展株系选优，以提高品种档次。

第二，为适应国内、外市场需求，今后应逐步实施无公害栽培。

第三，油枣为兼用品种。若用于制干则应在完熟期采收，以提高制干率和干枣质量。

第四，其他栽培技术，可参考中阳木枣的栽培技术。

十、赞皇大枣

（一）品种来源

赞皇大枣，又名赞皇圆枣、赞皇长枣、赞皇金丝大枣。原产于河北赞皇县，为当地主栽品种，是全国至今发现的惟一的一种三倍体品种。赞皇大枣从20世纪80年代中期起，北方各枣区广泛引种栽培。它在大部分地区表现良好，已列为北方枣区重点推广品种之一。仅原产地赞皇县，至2002年，赞皇大枣的枣园面积已发展到2万公顷,年产鲜枣5000万千克。该品种现在已经成为全国主栽品种之一。

(二)主要性状

赞皇大枣树势强,树体较大,干性中强,枝条粗壮,树姿半开张。枣头红褐色,生长势强,针刺较发达。枣股较大,抽吊力中等,枣吊中长,较粗。叶片厚而宽大,心脏形或宽卵圆形,深绿色,叶缘锯齿粗。花大,花量多,为昼开型。果实大,长圆形或倒卵形,平均单果重17.3克,大小较均匀。果皮中厚,深红色,果面光滑。果肉厚,近白色,肉质细脆,味甜略酸,汁液中多,品质上等,鲜食、制干和蜜枣加工兼用,制干率为47.8%。鲜枣可食率为96%,含可溶性固形物30.5%。核小,纺锤形,无种仁。

赞皇大枣多用酸枣实生苗嫁接繁殖。嫁接苗结果较早,丰产,而且产量稳定,成龄大树,每667平方米可产鲜枣1000~1500千克。在原产地,该品种于4月上旬萌芽,9月下旬果实成熟,果实生育期为110天左右。

(三)适栽地区

该品种适应性强,抗干旱,耐瘠薄。结果较早,丰产稳产,品质好,用途广。在全国历届枣产品评比中,曾多次获得金奖。近几年来,新疆、山西、甘肃、宁夏、陕西和辽宁等地,大量引进栽培该品种,使它已成为北方丘陵山区重点推广的品种。

(四)栽培技术要点

第一,赞皇大枣为兼用品种,要根据不同用途适时采收。

第二,该品种在多雨年份裂果严重,并易感染枣锈病和炭疽病,应注意防治。

第三,原产地区有枣疯病发生,个别产枣村危害较严重,应引起重视,进行防治。

第四,在丘陵山区栽植,要搞好水土保持。

第五,为提高市场竞争力,今后要逐步实施无公害栽培,生产无公害枣果。

第六,要广泛进行株系选优,以提高品种档次。

第二节 名、优新品种

优良品种是高效农业的重要部分。枣树是生命很长的经济树种。栽培枣树,必须选择好适应当地自然生态条件的品种。品种选择得不好,则难以达到栽培枣树的理想目的。为了有效地开发枣的良种资源,满足国内外市场对优种枣的需求,促进枣业生产的健康发展,现将全国主要名、优新品种简介如下,供各地栽培枣树选择良种时参考。

一、鲁北冬枣

鲁北冬枣,又名冬枣、冻枣、苹果枣、冰糖枣、雁过红、沾化冬枣、黄骅冬枣等。1998 年,由山东省农作物品种审定委员会审定并命名。

(一)品种来源

鲁北冬枣原产于河北黄骅、海兴、盐山和山东沾化、枣庄等县、市。20 世纪 80 年代多为农户房前、屋后和庭院零星栽植,成片栽植的很少。由于冬枣品质优良,市场售价高,栽培效益好,大大调动了枣农发展冬枣的积极性,不少地区出现了发展冬枣热,除原产地大力发展外,相邻县、市和山西、河南、陕西、北京与天津等省、市,也都相继引进栽培,使冬枣成为 20 世纪中期以来全国发展最快的鲜食品种之一。至 2003 年夏季,山东沾化县冬枣的栽培面积已发展到 2 万多公顷。

(二)主要性状

鲁北冬枣树势中等,树体中大,干性中强,枝条较密,树姿较开张。枣头紫褐色,针刺基本退化。枣股较小,抽吊力中等,枣吊中长。叶中大,长卵形,深绿色,边缘向叶面稍卷曲,叶缘锯齿浅。花小,花量多,为夜开型。果实中大,近圆形,大小不均匀。果皮薄,赭红色,果面平滑。果肉较厚,绿白色或白色,肉质细嫩酥脆,味浓甜微酸,汁液多,口感极好,品质极上,适宜鲜食。全红鲜枣含可溶性固形物38%~42%,酸0.42%,维生素C 303毫克/100克,可食率为94.67%。核小,短纺锤形。调查发现,有的冬枣核较大,含仁率高,种仁较饱满;有的冬枣核小,核内不含种仁。对此尚需进一步调查。

鲁北冬枣在原产地结果较早,早丰产性较强,产量高而稳定。管理好的盛果期枣园,每667平方米可产鲜枣1 000~1 500千克。在原产地,该品种于4月中旬萌芽,5月下旬始花,10月上中旬成熟,果实生育期在120天以上。10月下旬落叶,其年生长期为190天左右。

(三)适栽地区

鲁北冬枣为晚熟鲜食枣优良品种。在2000年山东乐陵全国红枣交易会红枣品种评比中,乐陵市和黄骅市选送的冬枣,分别获得金奖。鲁北冬枣是近年来市场上深受消费者欢迎,售价最高,枣农栽培经济效益最好的品种。在原产地,年均气温12℃以上,无霜期200天以上,鲁北冬枣的果实生育期在120天以上。栽培鲁北冬枣时,要参考原产地的生态条件,适宜在年均气温11℃以上的地区栽植。

(四)栽培技术要点

1. 进行规范化栽培 栽培鲁北冬枣,要选用合格的优质壮苗,进行规范化栽植,以提高苗木的栽植成活率,并促进苗木正常生长发育。

2. 实行矮密栽培 鲁北冬枣为鲜食品种,适宜矮密栽培。株行距一般以3米×4米为宜。为提高前期栽培效益,可采用变化密植模式,前期按2米×3米定植,以后视植株生长情况,适时间伐临时株。

3. 合理整形修剪 鲁北冬枣干性中强，树形以小冠疏层形或开心形为宜，并采用控冠修剪技术，树高控制在2.5～3米，以便于人工采收。

4. 实施无公害栽培 加强枣园综合管理，逐步实施无公害栽培技术。所施肥料以有机肥为主，提倡在冬枣园种植和翻压绿肥。水地枣园于萌芽期、开花期、幼果生长期和土地封冻前，各灌水一次。

5. 用无公害方法防治病虫害 病虫害防治以人工防治和生物防治为主，尽量少用和不用化学农药。

6. 积极促花促果 为提高坐果率，花期可采取枣头摘心，枣园放蜂，天旱时树冠喷水等促花坐果措施。在坐果正常的情况下，一般不用环状剥皮。

7. 采收要适期 鲁北冬枣为鲜食优良品种，枣果以脆熟期采收品质最佳。大规模栽培冬枣，要同时考虑枣果贮藏问题。贮藏保鲜枣，以半红期采收为宜。目前不少产区多在白熟期采收，其可溶性固形物含量仅20%左右，人为降低了品种质量，对此应引起重视。

8. 幼龄期可合理间作 为提高土地利用率，幼龄期行间可进行间作，但间作要合理，不能间作玉米、高粱和向日葵等高秆作物，树行要留营养保护带。

9. 及时松土保墒 每次灌水和降雨后要及时中耕松土，以利于保墒。秋季要耕翻枣园和翻树盘。

10. 进一步选优 现已发现冬枣有不同类型，有的种核较大，含仁率高，种仁较饱满。有的种核小，可食率高，不含种仁。需进一步观察和选优。

11. 注意防治炭疽病 多雨年份，炭疽病危害较严重，应注意防治。

二、临猗梨枣

(一)品种来源

该品种又名梨枣。为区别异物同名现象,故加地名定名为“临猗梨枣”。临猗梨枣原产于山西临猗,是一个古老的地方稀有品种。其栽培数量不多,多为农户庭院零星栽植。1962年进行枣树资源调查中被发现。据古文献《尔雅》记载,古时称大枣,已有3000余年的历史。唐代、宋代诗人在其诗作中也有言及。比如唐代杜甫诗曰:忆年十五心尚孩,健如牛犊走复来;庭前八月梨枣熟,一日上树能千回。

(二)主要性状

临猗梨枣树势中等,树体较小,干性弱,枝条密,树姿开张。枣头红褐色,萌发力强,针刺不发达。枣股小,抽吊力强,枣吊中长。叶片厚而较小,卵圆形,深绿色,叶缘锯齿粗。花中大,花量少,为昼开型。果实特大,长圆形或近圆形,平均单果重30克左右,最大单果重达100克以上。果实大小不均匀。果皮薄,浅红色,果面欠平滑。果肉厚、白色,肉质较细而松脆,味甜,汁液多。品质上等,适宜鲜食和加工蜜枣。鲜枣可食率为96%,含可溶性固形物27.9%,酸0.33%,维生素C 292.25毫克/100克,钙0.304%,镁2.27%,锰7.786毫克/千克,锌8.341毫克/千克,铜2.345毫克/千克,铁58.395毫克/千克。核小,纺锤形,不含种仁。

临猗梨枣结果早,早果性强,特丰产,产量稳定。盛果期树在一般管理条件下,每667平方米可产鲜枣1000~1500千克,最高可产2500千克以上。在山西太原地区,该品种4月中旬萌芽,5月下旬始花,9月下旬至10月上旬成熟,果实生育期为110天左右。10月下旬落叶,其年生长期为200天左右。

(三)适栽地区

临猗梨枣适应性较强,在全国各宜枣地区均可栽培。在北方地区，它的果实可供鲜食和加工蜜枣兼用；在南方地区，它的果实主要供加工蜜枣用。

（四）栽培技术要点

1. 以平地、水地栽培为好 临猗梨枣适应性较强，在山地、平地、水地和旱地，均可以栽培。但是，以在平地和水地栽培的效益为好。

2. 实行矮密栽培 该品种以鲜食为主，树体较小，早果性强，适宜矮密栽培，株行距以 2 米 × 3 米为宜，并采用控冠修剪技术，树高控制在 2.5 米左右。

3. 选择适宜树形 临猗梨枣的整形修剪，树形以开心形和小冠疏层形为宜。

4. 栽植壮苗 选用优质壮苗，进行规范化栽植，以提高栽植成活率。

5. 花期逢旱要保花保果 临猗梨枣坐果率高，特别丰产，一般不需采用环状剥皮促花保果措施。但花期遇天旱要进行树冠喷水，同时要进行枣头摘心和枣园放蜂。

6. 加强综合栽培管理 该品种对肥水条件要求较高，要加强综合管理。在秋季施有机肥，生长期进行叶面喷肥，合理进行间作，提倡枣园种植绿肥。水地枣园，于萌芽期、开花期、果实生长期和土地封冻前，各灌水一次。灌水和降雨后，要及时中耕松土保墒。丘陵山区旱地枣园，要搞好水土保持，秋季要翻树盘和耕翻枣园。

7. 科学防治病虫害 枣果成熟期遇雨易裂果，多雨年份易感染枣锈病、炭疽病和缩果病，应注意预防。病虫害防治要以人工防治和生物防治为主。

8. 适时采收 要根据不同用途适时采收。蜜枣加工可在白熟期采收，用于鲜食的应在脆熟期采收。用作鲜枣贮藏的以半红期采收效果最好。

9. 注意贮藏保鲜 大量栽培梨枣，要同时考虑鲜枣贮藏保鲜，要在产区建设相应的贮藏库。

10. 进行无公害生产 今后要逐步实施无公害栽培技术，生产无公害枣果，以适应国内、外市场需求。

三、永济蛤蟆枣

永济蛤蟆枣，又名蛤蟆枣。为区别异物同名而定名“永济蛤蟆枣”。

（一）品种来源

永济蛤蟆枣原产于山西省永济县仁阳、太宁等村，为当地主栽品种。

（二）主要性状

永济蛤蟆枣树势强健，树体高大，干性较强，树姿较直立，枝条粗壮。枣头红褐色，生长势强，针刺不发达。枣股较大，抽吊力中等，枣吊中长。叶大，长卵形，深绿色，叶缘锯齿较细。花大，花量中多，6时左右蕾裂。果实大，扁柱形，平均单果重34克，大小不均匀。果皮薄，深红色，果面不平滑。果肉厚，绿白色，肉质细而松脆，味甜，汁液多，品质上等，适宜鲜食。鲜枣可食率为96.48%，含可溶性固形物28.5%，酸0.43%，维生素C 397.46毫克/100克，钙0.485%，镁0.249%，锰4.077毫克/千克，铜2.178毫克/千克，铁27.938毫克/千克。每克鲜枣果肉含环磷酸腺苷7.5纳摩。核小，纺锤形，不含种仁。

永济蛤蟆枣结果较早，产量中等。在山西太谷4月中旬萌芽，5月下旬始花，9月下旬果实脆熟，果实生育期为100天左右。10月中旬落叶，年生长期为178天左右。

（三）适栽地区

该品种适应性强，产量中等，品质好，鲜枣耐贮藏，适宜于北方城郊和工矿区栽植。

(四)栽培技术要点

第一,该品种为鲜食、耐藏优良品种,宜采用矮密栽培,以便人工采收。

第二,永济蛤蟆枣品种树体高大,在其栽培管理中,要采用控冠修剪技术。

第三,该品种产量中等,要加强综合管理。花期需采用枣头摘心、枣园放蜂,天旱时树冠喷水、喷施生长调节剂和微肥等促花坐果措施。

第四,在多雨年份,永济蛤蟆枣果实裂果较严重,应注意加强预防。

第五,永济蛤蟆枣的其他栽培技术,可参考临猗梨枣栽培管理的相关内容。

四、不落酥

(一)品种来源

不落酥枣,原产于山西省平遥县辛村乡赵家庄等村,目前栽培数量不多。

(二)主要性状

不落酥枣树势较弱,树体较小,干性弱,树姿开张。枣头红褐色,生长较细弱,针刺基本退化。枣股小,抽吊力较强,枣吊细而较长。叶中大,长卵形,深绿色,叶缘锯齿细。花中大,花量较少,5~6时蕾裂。果实大,长圆形,平均单果重20.25克,大小不太均匀。果皮中厚,紫红色,果面欠平滑。果肉厚,肉质细而酥脆,甜味浓,汁液中多,口感极好,品质特好,适宜鲜食。鲜枣可食率为96.64%,含可溶性固形物31.80%,酸0.42%,维生素C 255.25毫克/100克,钙0.375%,镁0.204%,锰3.857毫克/千克,锌8.725毫克/千克,铜2.345毫克/千克,铁37.75毫克/千克。核小,纺锤形,无种仁。

该品种结果较早，产量中等，比较稳定。在山西省太谷，该品种于4月中旬萌芽，5月下旬始花，9月20日前后脆熟，10月中旬落叶，年生长期为175天左右。

（三）适栽地区

该品种适应性较强，适宜于北方宜枣地区的城郊、工矿区和庭院栽植。

（四）栽培技术要点

第一，不落酥枣为鲜食优良品种，宜采取矮密栽培，以便于采收。

第二，要加强综合管理。在花期，要采取枣头摘心、喷施生长调节剂与微肥、天旱时树冠喷水和枣园放蜂等促花坐果等措施。

第三，其他栽培技术可参照临猗梨枣栽培的相关内容。

五、襄汾圆枣

（一）品种来源

襄汾圆枣，原产于山西省襄汾县，1962年枣树资源调查时发现。目前栽培数量不多。

（二）主要性状

襄汾圆枣树势中等，树体中大，枝条中密，干性中强，树姿半开张。枣头黄褐色，生长势中等，针刺较发达。枣股小，抽吊力强，每股平均抽生4～6吊，最多达9吊，枣吊较长。叶片小，长卵形，色泽较浅，叶缘锯齿较粗。花小，花量中多，6时半左右蕾裂。果实中大，卵圆形，平均单果重15.4克，大小较均匀。果皮薄，为浅红色，果面平滑。果肉厚，浅绿色，肉质细脆，味甜略酸，汁液多，品质上等，适宜鲜食。鲜枣含可溶性固形物25.8%，酸0.37%，维生素C 340.76毫克/100克，每克鲜枣果肉含环磷酸腺苷42.5纳摩。

该品种根蘖苗结果较迟，嫁接苗结果早，产量较高。19年生树，在中等管理条件下，平均株产鲜枣37.45千克，最高株产量为

45.25千克。在山西太谷,该品种4月中旬萌芽,5月下旬始花,9月底10月初脆熟,10月中旬落叶。

(三)适栽地区

襄汾圆枣适应性较强,产量较高,品质上等。鲜枣耐贮藏,半红期采摘的果实,在气调冷藏库内,可保鲜4个月,因而具有开发前景。适宜于北方宜枣区栽植。

(四)栽培技术要点

襄汾圆枣是目前鲜枣贮藏性能最好的鲜食优良品种。其栽培技术可参考临猗梨枣栽培的有关内容。

六、山东梨枣

(一)品种来源

山东梨枣,又名脆枣、钙枣。原产于山东和河北交界处的乐陵、庆云、无棣、盐山和黄骅等地,栽培数量不多。

(二)主要性状

山东梨枣树势中等,树体中大,干性较强,树姿开张。枣头紫褐色,萌发力较弱,针刺不发达。枣股中大,抽吊力中等,枣吊既粗又长。叶中大,卵状披针形,深绿色,叶缘锯齿细。花较大,花量特多,为夜开型。果实大,大果倒卵形,平均单果重16.5克,大小不均匀。果皮较薄,赭红色,果面欠平滑。果肉厚,绿白色,肉质细脆,味甜微酸,汁液中多,品质上等,适宜鲜食。鲜枣含可溶性固形物32.5%,可食率为95.8%。核小,纺锤形,含仁率高,种仁不饱满。

山东梨枣结果早,较丰产,产量稳定。盛果期树,平均株产鲜枣30千克左右。在原产地,其果实9月上中旬成熟,一般年份不裂果,果实抗病性强。

(三)适栽地区

该品种适应性强,各适宜于栽培枣树的地区均可栽植。

(四)栽培技术要点

第一,山东梨枣为鲜食优良品种。为保证果品质量,其枣果需要用人工方式采摘。在生产中,宜采取矮密方式栽培。

第二,栽植山东梨枣,需配置授粉品种。

第三,山东梨枣的其他栽培技术,可参考鲁北冬枣栽培的有关内容。

七、成武冬枣

(一)品种来源

成武冬枣,又名芒果枣、芒果冬枣。起源于山东成武,分布于成武、菏泽和曹县等地,多为庭院零星栽植。近年来,山西省运城和临猗等地引种栽培,均表现良好。

(二)主要性状

成武冬枣树势中等或较强,树体中大,枝条粗壮,树姿半开张。枣头红褐色,针刺不发达。枣股较大,抽吊力较强,枣吊较长。叶片大而厚,卵状披针形,深绿色,叶缘锯齿粗。花中大,花量较多。果实大,长卵形,平均单果重 25.8 克,大小不均匀。果皮中厚,深红色,果面欠平滑。果肉厚,乳白色,肉质细而松脆,味甜微酸,汁液中多,品质上等,适宜鲜食。鲜枣可食率为 97.8%,含可溶性固形物 35%~37%。核小,纺锤形,含仁率低。

成武冬枣结果较早,早丰产性强,产量较高。在原产地,该品种于 4 月 10 日前后萌芽,5 月下旬始花,10 月上中旬成熟,果实生育期为 120 天左右。10 月底落叶,年生长期 200 天左右。果实抗病性强,一般年份不裂果。在山西省运城和临猗等地,成熟期遇雨后易裂果。

(三)适栽地区

该品种适应性强,果实成熟晚,生育期长,适宜于北方年均气温在 10℃以上的地区栽植。

(四)栽培技术要点

第一,在有的地区,该品种的枣果成熟期若遇雨,发生裂果较严重。因此,应注意预防裂果的发生。

第二,成武冬枣的其他栽培技术,可参考鲁北冬枣栽培的相关内容。

八、孔府酥脆枣

(一)品种来源

孔府酥脆枣,又名脆枣、铃枣。起源于山东曲阜孔府院内。近年来,将它引进山西省太原地区栽培,表现良好。

(二)主要性状

孔府酥脆枣树势强,树体大,枝条中密,干性强,树姿较开张。枣头紫褐色,针刺不发达。枣股中大,抽吊力中等,枣吊长。叶中大,长卵形,深绿色,叶缘锯齿较粗。花中大,花量多,为昼开型。果实中大,长圆形或圆柱形,平均单果重 13～16 克,大小较均匀。果皮中厚,深红色,果面不平滑。果肉中厚,乳白色,肉质酥脆,较细,甜味浓,汁液中多,品质上等,适宜鲜食,也可制干。鲜枣可食率为 92.55%,含可溶性固形物 35%～36.5%。核较大,纺锤形,含仁率较高。

该品种结果早,早丰产性强。坐果率高,丰产性好,产量稳定。在原产地,它于 4 月中旬萌芽,5 月中旬始花,8 月中下旬果实成熟,果实生育期为 85 天左右。它的果实抗病性强,在一般年份裂果极少。

(三)适栽地区

该品种适应性强,适宜于北方地区栽培。

(四)栽培技术要点

孔府酥脆枣的栽培,可参考鲁北冬枣的栽培技术实施。

九、金铃圆枣

(一)品种来源

金铃圆枣,原产于辽宁朝阳市,是1993年在枣树资源调查中发现的优良单株。2002年9月,通过辽宁省科技厅成果鉴定和省林木品种审定委员会审定。

(二)主要性状

金铃圆枣树势强,树体大,干性强,枝条密,树姿半开张。枣头红褐色,针刺较发达。枣股中大,抽吊力中等,枣吊长。果实大,近圆形,平均单果重26克,最大单果重75克。果皮薄,鲜红色。果肉厚,绿白色,肉质致密,味甜,汁液多,品质上等,适宜鲜食。鲜枣可食率为96.73%,含可溶性固形物39.2%,糖32.32%,酸0.39%。核小,短纺锤形。

该品种结果早,早丰产性强,产量高,100年生左右的母树可产鲜枣60千克。在原产地,它于5月初萌芽,9月下旬脆熟,果实生育期100天左右。10月中下旬落叶。

(三)适栽地区

金铃圆枣适应性强,抗寒、抗旱、耐瘠薄。1990年1月31日最低气温下降到-34.4℃,2000~2001年连续出现罕见低温,当地主栽品种大平顶2~3年生幼树地上部全部冻死,而金铃圆枣嫁接的幼树却未发生冻害。1999~2002年连续4年大旱,2002年农作物几乎绝收,而金铃圆枣仍生长正常,获得丰收。在北方年均气温8℃以上、绝对最低气温不低于-30℃的地区,均宜栽培。

(四)栽培技术要点

第一,金铃圆枣为优良株系,需采取有效措施,加快苗木繁育,以满足扩大栽培的需要。

第二,金铃圆枣为鲜食品种,宜进行矮化密植栽培,以利于人工采收。

第三，大规模栽培时，要考虑鲜枣贮藏保鲜，在产区建立小型的贮藏保鲜库。

第四，要进行规范化栽植，加强综合管理，逐步实施无公害栽培。

十、七 月 鲜

（一）品种来源

七月鲜品种由陕西省果树研究所选出。2003 年 1 月，通过陕西省林木良种审定委员会审定。

（二）主要性状

七月鲜品种果实大，圆柱形，平均单果重 29.8 克，最大单果重 74.1 克。果皮中厚，深红色，果面平滑。果肉厚，肉质细，味甜，汁液较多，品质上等，适宜鲜食。鲜枣可食率为 97.8%，花红期含可溶性固形物 25% ~ 28%。

该品种结果早，早丰产性强，产量高，盛果期树，每 667 平方米可产鲜枣 1 700 千克。在陕西关中地区，8 月中旬即可采收上市。果实抗缩果病，采前不落果。较抗裂果。

（三）适栽地区

七月鲜品种适应性强，结果早，早丰产性强，产量高，品质好。抗缩果病力强，果实成熟早，是目前国内成熟最早的鲜食优良品种之一。在全国宜枣地区均可栽培。

（四）栽培技术要点

第一，七月鲜为早熟鲜食品种，宜进行矮密栽培，以便于人工采收。

第二，该品种对炭疽病较敏感，应注意防治。

第三，七月鲜是目前全国综合性状最好的鲜食优良品种，具有较强的市场竞争力。为适应国内、外市场需求，今后要实施无公害栽培。

十一、京枣39

(一)品种来源

京枣39,由北京市农林科学院果树研究所于1991年从枣资源圃中选出。2002年9月,通过北京市果树专家鉴定。目前,已在北京市房山、怀柔、顺义、通州与延庆等区、县和山西临汾、河北遵化,以及安徽等地,进行品种区试。

(二)主要性状

母树60~80年生,树势强,树体大,干性强,树姿开张。枣头棕红色,生长势强。枣股抽吊力强,枣吊长。叶片大,卵状披针形,深绿色,叶缘锯齿粗。花中大,花量中多。果实大,圆柱形,平均单果重28.3克,大小较均匀。果皮深红色,果面光滑。果肉厚,绿白色,肉质松脆,味酸甜,汁液较多,适宜鲜食,品质上等。鲜枣可食率为98.7%,含可溶性固形物25.5%,酸0.36%,维生素C 253毫克/100克。核小,纺锤形,多无种仁。

京枣39结果早,早丰产性强,盛果期树每667平方米可产鲜枣1 500千克以上。在北京地区,该品种于4月中旬萌芽,5月中旬始花,9月中旬枣果成熟,果实生育期为100天左右。10月中旬落叶,年生长期180天左右。

(三)适栽地区

京枣39结果早,产量高,品质好。抗逆性强,抗寒、抗旱、耐瘠薄。对土壤要求不严。抗枣疯病、枣锈病和炭疽病力均强,在京郊县、区和山西临汾、河北遵化、安徽等地引种栽培,均表现良好。适宜北方宜枣地区栽植。

(四)栽培技术要点

对该品种需进行规范化栽植,适宜矮密栽培。同时,要加强综合管理,逐步实施无公害栽培。

十二、板　枣

(一)品种来源

板枣,原产于山西稷山县,为当地主栽品种。其栽培历史始于明代之前。

(二)主要性状

板枣树势较强,树体较大,枝条较密,干性较强,树姿半开张。枣头红褐色,萌发力较强,针刺较发达。枣股中大,抽吊力强,枣吊中长。叶片小,卵圆形,深绿色。花小,花量中多,为昼开型。果实中大,扁倒卵形,平均单果重11.2克,大小较均匀。果皮中厚,紫红色,果面光滑。果肉厚,绿白色,肉质致密,甜味浓,汁液较少,鲜食、制干和蜜枣加工兼宜。但以制干为主,干枣品质上等,制干率为57%。鲜枣可食率为96.25%,含可溶性固形物41%,糖33.6%,酸0.36%,维生素C 499.7毫克/100克,钙0.472%,镁0.242%,锰4.684毫克/千克,铜3.015毫克/千克,铁31.431毫克/千克,每克鲜枣果肉含环磷酸腺苷5.13纳摩。干枣含糖74.5%,酸2.41%,维生素C 10.93毫克/100克,每克干枣果肉含环磷酸腺苷15.09纳摩。酒枣含可溶性固形物48.6%,糖37.58%,酸0.914%,维生素C 7.13毫克/100克,钙0.203%,镁0.09%,锰4.658毫克/千克,铜2.449毫克/千克,铁34.429毫克/千克。核小,纺锤形,含仁率为20%左右。

板枣结果早,当年枣头坐果率高,较丰产而且产量稳定,盛果期大树最高株产鲜枣200千克。在山西太谷,板枣于4月中旬萌芽,5月20日前后始花,9月20日前后成熟,果实生育期为100天左右。10月中旬落叶,年生长期为175天左右。

(三)适栽地区

板枣结果早,产量较高而稳定,品质好,市场竞争力强,历史上居山西四大名枣之首。1973年以来,板枣产品远销日本、北美和东南亚。1993年，板枣获山西省首届博览会金奖。1994年，获全国林业博览会金奖。1997年10月，获山西省首届干果评比省内十大名枣第一名。2000年9月，在山东乐陵全国红枣品种评比中获得金奖。该品种适应性较强，但对温度要求较高。因此，适宜于北方年均气温10℃以上的地区栽植。

(四)栽培技术要点

第一，板枣对栽培管理条件要求较高，需选择立地条件较好的地方栽植，并加强综合管理。

第二，板枣是以制干为主的兼用品种，应根据不同用途适时采收。

第三，在产地枣疯病发生较严重，应注意防治。

第四，枣果成熟期遇雨易裂果，应注意预防。产区要建烤房，采用烘烤方法制干。

第五，该品种栽培历史悠久，株间已发生变异。应开展株系选优，以提高品种档次。

第六，板枣树体较大，干性较强，结果早，宜采取变化密植栽培模式。为提高栽植成活率，要进行规范化栽植。树形以主干疏层形为宜。密植枣园要采用控冠修剪技术措施。

第七，为适应国内、外市场对板枣的需求，要逐步实施无公害栽培技术。

十三、骏　枣

(一)品种来源

骏枣，原产于山西交城县边山一带，以瓦窑和磁窑等村栽培较集中，为当地主栽品种。历史上是山西四大名枣之一。

(二)主要性状

骏枣树势强健，树体高大，干性强，枝条粗壮，树姿半开张。枣头红褐色，针刺较发达。枣股大，抽吊力中等，枣吊中长。叶片中大，长卵形，深绿色，叶缘锯齿较粗。花较大，花量中多，6时左右蕾裂。果实大，为圆柱形或长倒卵形，平均单果重22.9克，最大单果重50克以上，大小不均匀。果皮薄，深红色，果面光滑。果肉厚，为白色或绿白色，肉质细而较松脆，味甜，汁液中多，品质上等，鲜食、制干、加工蜜枣、酒枣皆宜，是山西加工酒枣最好品种之一。鲜枣可食率为96.29%，含可溶性固形物33%，糖28.68%，酸0.45%，维生素C 430.2毫克/100克，钙0.298%，镁0.227%，锰4.002毫克/千克，锌9.493毫克/千克，铜3.015毫克/千克，铁16.464毫克/千克，鲜枣果肉还含有环磷酸腺苷。干枣可食率为93.7%，含糖71.77%，酸1.58%，维生素C 16毫克/100克，钙0.102%，镁0.084%，锰6.134毫克/千克，铜2.653毫克/千克，铁33.199毫克/千克，每克干枣果肉含环磷酸腺苷121.32纳摩。酒枣含可溶性固形物36.36%，糖30.83%，酸0.83%，维生素C 6.81毫克/100克。核小，纺锤形，大果含仁率为30%左右。种仁不饱满，小果核退化呈软核。

骏枣结果较早，丰产，品质好，盛果期大树最高株产鲜枣240千克。在产地，它于4月中旬萌芽，5月下旬始花，9月中旬果实脆熟，果实生育期为100天左右。10月中旬落叶，年生长期为180天左右。

（三）适栽地区

该品种适应性强，抗旱、抗盐碱和抗枣疯病力均强，历史上在原产地未发生过枣疯病。枣果成熟期遇雨，裂果严重。适宜于北方年均气温在8℃以上、成熟季节降雨较少的地区栽植。

（四）栽培技术要点

第一，骏枣为兼用优良品种，应根据不同用途，适时进行采收。

第二，骏枣成熟期遇雨裂果严重，应注意预防。

第三，骏枣易感染炭疽病和缩果病，应注意防治。

第四，为提高前期生产效益，可采用变化密植模式，并进行规范化栽植，以提高栽植成活率。

第五，要进行株系选优，以提高品种档次。

第六，要实施无公害栽培技术，以适应国内、外市场对骏枣的需求。

十四、壶瓶枣

(一)品种来源

壶瓶枣，是山西省历史上著名的四大名枣之一，主要分布于汾河中游太谷、清徐、榆次、祁县和太原市南郊等县、区，以太谷和清徐县栽培较多。

(二)主要性状

壶瓶枣树势强，树体大，干性中强，枝条粗壮，树姿半开张。枣头红褐色，针刺较发达。枣股大，抽吊力中等，枣吊中长。叶片中大，长卵形，深绿色，叶缘锯齿较粗。花中大，花量中多，5 时半左右蕾裂。果实大，为倒卵形或圆柱形，平均单果重 19.7 克，大小不均匀。果皮薄，深红色，果面光滑。果肉厚，白色或绿白色，肉质细而较松脆，味甜，汁液中多，品质上等，适宜鲜食、制干和加工蜜枣与酒枣，是加工酒枣最好的品种之一。鲜枣可食率为 96.9%，含可溶性固形物 37.8%，糖 30.35%，酸 0.57%，维生素 C 493.1 毫克/100 克，钙 0.201%，镁 0.228%，锰 3.967 毫克/千克，锌 9.493 毫克/千克，铜 3.183 毫克/千克，铁 19.457 毫克/千克，每克鲜枣果肉含环磷酸腺苷 127.5 纳摩。干枣含糖 71.38%，酸 3.15%，维生素 C 30.13 毫克/100 克，钙 0.191%，镁 0.078%，锰 6.134 毫克/千克，铜 2.653 毫克/千克，铁 51.643 毫克/千克，每克干枣果肉含环磷酸腺苷 289.77 纳摩。核小，纺锤形，不含种仁，小果核退化呈软核。

该品种结果较早，丰产，产量较稳定，成龄大树最高株产鲜枣 200 千克以上。在产地 4 月中旬萌芽，5 月下旬始花，9 月中旬果实脆熟,果实生育期为100天左右。10月中旬落叶,年生长期为175天左右。

(三)适栽地区

壶瓶枣适应性较强,结果较早,丰产,稳产,品质好,用途广,环磷酸腺苷含量较高,是山西名枣。1997年10月,在山西省干果评比中,被评为省内十大名枣第四名。该品种果实成熟期间,遇雨裂果严重。适宜于北方年均气温在8℃以上,枣果成熟季节降雨较少的地区栽植。

(四)栽培技术要点

第一,壶瓶枣是一个古老的地方名优品种。为提高其品种档次,要开展株系选优,对已审定的优系品种,要加快苗木繁殖和推广。

第二,成熟期间裂果严重,要注意预防。产区要建烤房,推广枣果烘烤干制技术。

第三,壶瓶枣性状与骏枣基本相似,其栽培可参照骏枣的栽培技术实施。

第四,壶瓶枣易感染炭疽病,应注意加以防治。

十五、晋　枣

(一)品种来源

晋枣,又名吊枣、长枣。分布于陕西和甘肃交界处的彬县、长武、宁县、泾川、正宁和庆阳等地,为当地原有的主栽品种,以彬县栽培集中。晋枣是陕西和全国最著名的优良品种之一。

(二)主要性状

晋枣树势强,树体高大,干性强,树姿直立。枣头红褐色,针刺较发达。枣股大,抽吊力强,枣吊中长。叶片较大,长卵形或卵状披针形,绿色,叶缘锯齿浅。花较大,花量多,7时左右蕾裂。果实大,长卵形或圆柱形,平均单果重21.6克,大小不均匀。果皮薄,赭红色,果面欠平滑。果肉厚,乳白色,肉质致密、细脆,甜味浓,汁液较多,品质上等,鲜食、制干和加工蜜枣皆宜。鲜枣可食率为97.87%,含可溶性固形物30.2%~32.2%,糖26.9%,酸0.21%,维生素C 390毫克/100克。核小,长纺锤形,含仁率低。

晋枣根蘖苗结果较迟,但产量较高,成龄大树最高株产鲜枣150千克。在原产地,4月中旬萌芽,5月底始花,10月初果实成熟,果实生育期为110天左右。10月下旬落叶,年生长期为190天左右。

(三)适栽地区

晋枣适应性较强,产量较高,品质优良,果实生育期较长。适宜于北方年均气温在10℃以上地区栽植。

(四)栽培技术要点

第一,晋枣为兼用品种,应根据不同用途适时采收。

第二,该品种树体大,干性强,树姿直立。其树形以主干疏层形为宜,密植枣园可采用小冠疏层形或二层开心形。

第三,该品种对肥水条件要求较高,因此,要加强枣园综合管理。肥水供应不足时,产量低而且不稳定。在丘陵山区栽植时,要搞好水土保持。

第四,晋枣在果实成熟期间,遇雨易引起裂果,因此应注意加强预防。

第五,晋枣是著名的名优品种,为适应国内、外市场需求,今后要实施无公害栽培。

十六、赞新大枣

(一)品种来源

赞新大枣,是新疆阿克苏地区阿拉尔农科所,1975年从河北石家庄果树研究所引进的赞皇大枣苗木中选出的优良株系,1985年命名,已在当地繁殖推广。

(二)主要性状

赞新大枣树势强,树体中大,干性强,枝条粗壮,树姿半开张。枣头红褐色,生长势强,针刺不发达。枣股抽吊力较弱,枣吊粗,中长。叶片大而厚,卵圆形,深绿色,叶缘锯齿粗。花大,花量多。果实大,倒卵形,平均单果重24.4克,大小不太均匀。果皮较薄,深红色,果面平滑。果肉厚,绿白色,肉质致密,细脆,味甜略酸,汁液中多,品质上等,适宜制干和鲜食,制干率为48.8%。鲜枣可食率为96.8%,含糖27%,酸0.42%。干枣含糖72.9%。核小,长纺锤形,不含种仁。

该品种结果较早,早丰产性强,产量高,5年生树平均每株产鲜枣11.2千克。在原产地,4月下旬萌芽,5月底始花,9月底至10月上旬果实完熟,果实生育期为100~105天。

(三)适栽地区

该品种适应性强,结果较早,产量高,品质好,适宜于北方年均气温在9℃以上的地区栽植。

(四)栽培技术要点

该品种在新疆阿克苏地区,因降水量少,故无裂果之忧。引入山西太谷后,枣果成熟期遇雨易裂果,应注意预防。其他栽培技术,可参考赞皇大枣的栽培技术。

十七、鸣山大枣

(一)品种来源

鸣山大枣,原产于甘肃敦煌,是从敦煌大枣中选出的优良株系。1979年发现,1983年正式命名。

(二)主要性状

鸣山大枣树势较强,树体较大,枝条中密,树姿开张。枣头红褐色,生长势中等,针刺发达。枣股小,抽吊力较强,枣吊较短或中长。叶片中大,卵圆形,绿色,叶缘锯齿细。花较大,为夜开型。果实大,圆柱形,平均单果重 23.9 克,最大果重 42 克,大小不均匀。果皮厚,深红色,果面光滑。果肉厚,绿白色,肉质致密,细脆,味甜,汁液多,品质上等。适宜制干和鲜食,制干率为 52%。鲜枣可食率为 96.23%,含可溶性固形物 37.5%,糖 31.4%,酸 0.54%,维生素 C 396.2 毫克/100 克。核小,纺锤形,不含种仁。

该品种结果较早,产量高而且稳定,盛果期大树一般株产鲜枣 60~65 千克。在原产地,4 月下旬萌芽,6 月初始花,9 月上旬成熟,10 月中旬落叶。

(三)适栽地区

鸣山大枣抗寒,耐旱,适应性强。结果较早,丰产,稳产。果实大,品质好。果实生育期短,成熟早,适宜于在我国北方宜枣地区栽植。

(四)栽培技术要点

第一,鸣山大枣为兼用品种,用于制干时宜在果实完熟期采收。

第二,该品种成熟期遇大风落果较严重,因此规划枣园时应考虑营造防风林。

第三,其他栽培技术,可参考赞皇大枣的栽培技术。

十八、金丝 3 号

(一)品种来源

金丝 3 号,起源于山东威海。由山东省果树研究所 1990 年从普通金丝小枣中选出,1999 年通过山东省农作物品种审定委员会审定。

(二)主要性状

该品种的果实长椭圆形,平均单果重 8.8 克,最大单果重 12 克,大小均匀。果皮薄,鲜红色,果面光滑。果肉厚,肉质细脆,味甜微酸,品质上等,适宜鲜食和制干,制干率为 55.5%。鲜枣可食率为95.6%。干枣果皮纹细,果肉饱满,含糖84%,品质特好,优质果率达80%以上。

金丝3号品种幼树生长健壮,树体矮小紧凑,结果早,早丰产性强,4年生树平均株产鲜枣7.5千克,产量高而且稳定。在泰安地区,它的果实于9月中下旬成熟。果实抗病性强,一般年份裂果极少。

(三)适栽地区

该品种适应性强,全国宜枣地区均可栽植。

(四)栽培技术要点

金丝3号的栽培技术,可参考金丝小枣的栽培技术。

十九、金丝4号

(一)品种来源

金丝4号,由山东果树研究所1990年从金丝2号实生苗中选出。

(二)主要性状

金丝4号果实大,果实长圆形,平均单果重10~12克,大小均匀。果皮薄,果面光滑。果肉厚,肉质细脆,味甜微酸,汁液较多,适宜制干和鲜食。干枣品质特好,制干率为55%。鲜枣可食率为97.3%,含可溶性固形物40%~45%。

金丝4号结果早,早丰产性极强,4年生树平均株产鲜枣8~11千克。在山东泰安地区,9月底至10月初果实完熟。

(三)适栽地区

金丝4号适应性强,较耐盐碱,抗病力强,适宜于大部分宜枣地区栽植。

(四)栽培技术要点

金丝4号的栽培技术,可参照金丝小枣的栽培技术。

二十、金昌 1 号

(一)品种来源

金昌 1 号,是 1986 年在山西太谷县北洸乡从壶瓶枣中选出的优良株系。2001 年 10 月,山西省科技厅组织有关专家对其进行了验收。2003 年 9 月 26 日,通过山西省林木良种审定委员会审定,并公告推广。目前,已在山西榆次、柳林、汾西、临县及太原市小店区等县、区推广。

(二)主要性状

金昌 1 号树势较强,树体较小或中大,干性中强,树姿半开张。枣头红褐色,生长势较强,针刺不发达。枣股大,抽吊力中等,枣吊较长。叶较大,长卵形,深绿色,叶缘锯齿较粗。花较大,花量中多,为夜开型。果实大,短圆柱形,平均单果重 30.2 克,最大单果重 78 克,大小较均匀,果皮较薄,深红色,果面光滑。果肉厚,绿白色,肉质细而酥脆,味甜微酸,汁液中多,品质上等,适宜鲜食、制干和蜜枣、酒枣加工,制干率为 58.3%。鲜枣可食率为 98.1%,含可溶性固形物 38.4%,糖 35.7%,酸 0.62%,维生素 C 532.2 毫克/100 克,钾 38.62 毫克/千克,磷 36.55 毫克/千克,钙 20.7 毫克/千克,镁 7.53 毫克/千克,锰 2.28 毫克/千克,锌 2.81 毫克/千克,铜 1.83 毫克/千克,铁 4.66 毫克/千克。核小,纺锤形,多无种仁。

金昌 1 号结果较早,早丰产性强,5 年生树平均株产鲜枣 14 千克。盛果期树,一般株产鲜枣 50~60 千克。在原产地,4 月 16 日前后萌芽,6 月上旬初花,9 月 22 日前后果实完熟,果实生育期 95 天左右。10 月 15 日前后落叶,年生长期为 180 天左右。

(三)适栽地区

金昌 1 号是从壶瓶枣中选出的优系,综合性状优于壶瓶枣,可作为壶瓶枣的替代品种。该品种抗逆性较强,适宜于北方年均气温 8℃以上的地区栽植。

(四)栽培技术要点

第一,在宜栽区,应建立金昌1号采穗圃和苗木繁育圃,以加快苗木繁育速度。

第二,金昌1号为鲜食与制干兼用品种,应根据不同用途适时采收,以保持该品种应有的优良性状。

第三,金昌1号树体较小,早丰产性强,生产中可采用矮密栽培和变化密植模式,树形以小冠疏层形为宜,并应采取控冠修剪技术措施。

第四,为适应国内、外市场需求,要实施无公害栽培。

第五,在枣果成熟期多雨的年份,容易发生裂果,要注意加强预防。

二十一、沧无1号

(一)品种来源

沧无1号,由河北省南皮县林业局、沧州市林科所和中国科学院南皮试验站从无核小枣中选出。2001年2月,经河北省林木品种审定委员会审定,并命名为"沧无1号"。

(二)主要性状

沧无1号树体较小,树姿开张。枣头黄褐色,针刺发达。果实长圆形,平均单果重4.51克,大小均匀。果皮薄,鲜红色,果面光滑。果肉厚,黄白色,肉质致密,味极甜,品质特好,适宜鲜食和制干,制干率为61.5%。鲜枣含可溶性固形物36.3%。干枣果形饱满,富弹性,耐挤压,含糖76.2%,酸0.3%,品质上等。

沧无1号坐果率高,丰产,20年生树平均株产鲜枣35千克。在产地,4月中旬萌芽,5月底始花,9月中下旬果实成熟。

(三)适栽地区

该品种适应性强,抗旱、抗盐碱、耐瘠薄。产量高,品质好,果实成熟期较早,适宜于北方宜枣地区栽植。

(四)栽培技术要点

第一,沧无 1 号树体较小,适宜矮密栽培,并采用控冠修剪技术。

第二,该品种为鲜食、制干兼用品种,应根据不同用途,适时采收。

第三,枣果成熟期间有落果现象,应注意预防。

第四,为适应国内、外市场需求,应实施无公害栽培。

二十二、相 枣

(一)品种来源

相枣,原产于山西省运城市盐湖区北相镇一带。传说古时曾经是贡品,因而也称为"贡枣"。相枣是当地主栽品种。据《安邑县志》记载,已有 3000 多年的历史,是山西和全国最著名的制干优良枣品种之一。1997 年 10 月,在山西省首届干果评比中,被评为省内十大名枣第二名。2000 年 9 月,在山东乐陵全国红枣品种评比中,被评为金奖。

(二)主要性状

相枣树势较强,树体较大,干性较强,树姿半开张。枣头红褐色,针刺较发达。枣股中大,抽吊力中等,枣吊中长。叶小,长卵形,深绿色,叶缘锯齿浅。花小,花量中多,为夜开型。果实大,卵圆形,平均单果重 22.9 克,大小不均匀。果皮厚,紫红色,果面光滑。果肉厚,绿白色,肉质致密,较硬,味甜,汁液少,适宜制干。干枣品质上等,制干率为 53%。鲜枣可食率为 97.56%,含可溶性固形物 28.5%,酸 0.34%,维生素 C 474 毫克/100 克,钙 0.466%,镁 0.246%,锰 3.361 毫克/千克,锌 9.493 毫克/千克,铜 2.125 毫克/千克,铁 16.63 毫克/千克,每克鲜枣果肉含环磷酸腺苷 43.75 纳摩。干枣含糖 73.46%,酸 0.84%,维生素 C 23.6 毫克/100 克,钙 2%,镁 0.075%,锰 4.09 毫克/千克,铜 2.245 毫克/千克,铁 29.51

毫克/千克,每克干枣果肉含环磷酸腺苷 121.53 纳摩。干枣果肉富弹性,耐挤压,耐贮运。核小,纺锤形。大果内含有种仁,但种仁不饱满;小果核退化,呈软核膜状。

相枣结果早,较丰产,产量较稳定。在山西太谷,4 月中旬萌芽,5 月下旬始花,9 月下旬脆熟,果实生育期为 110 天左右。10 月中旬落叶,年生长期为 175 天左右。

(三)适栽地区

相枣适应性强,枣果较抗病,成熟期遇雨后裂果度轻。适宜于北方年均气温 10℃以上地区栽植,可作为重点制干品种推广。

(四)栽培技术要点

第一,相枣为制干品种,应在完熟期采收,同时,要采用烘烤制干技术,以利于提高干枣质量。

第二,相枣栽培历史久,种性已有变异,应进行株系选优,以提高品种档次。

第三,应逐步实施无公害栽培,以适应国内、外市场需求。

第四,其他栽培技术,可参考板枣的栽培技术。

二十三、官 滩 枣

(一)品种来源

官滩枣,原产于山西省襄汾县官滩村,由此而得名“官滩枣”。为当地主栽品种,年产鲜枣 20 余万千克。现已成为襄汾县主要开发品种。1997 年 10 月,在山西省首届干果评比中,官滩枣被评为省内十大名枣的第八名。

(二)主要性状

官滩枣树势中等,树体较大,枝条较密,干性较弱,树姿半开张。枣头红褐色,针刺较发达。枣股较小,抽吊力强,枣吊中长。叶片小,长卵形,深绿色,叶缘锯齿细。花小,花量中多,5 时半左右蕾裂。果实中大,长圆形,平均果重 11 克,大小较均匀。果皮厚,深红色,果面欠平滑。果肉厚,绿白色,肉质细而致密,味甜,汁液少,适宜制干,干枣品质上等,制干率为52%。鲜枣可食率为96.52%,含可溶性固形物34.5%,酸0.39%,维生素C 445.9毫克/100克,每克鲜枣果肉含环磷酸腺苷2.15纳摩。干枣含糖65.07%,酸0.94%,维生素C 39.8毫克/100克,钙0.22%,镁0.09%,锰5.34毫克/千克,铜2.65毫克/千克,铁45.5毫克/千克,每克干枣果肉含环磷酸腺苷15.61纳摩。核小,纺锤形,核内仅有种皮。

官滩枣结果较迟,盛果期长,当年枣头坐果率高,丰产而且产量稳定。在产地中等管理条件下,每667平方米可产鲜枣500千克左右,单株最高产鲜枣180千克。在山西太谷,4月中旬萌芽,5月下旬始花,9月下旬脆熟,果实生育期105天左右。10月中旬落叶,年生长期为175~180天。

(三)适栽地区

官滩枣适应性较强,枣果成熟期遇雨后裂果轻,是山西省仅次于相枣的制干优良品种,适宜于北方大部宜枣地区栽植。

(四)栽培技术要点

官滩枣的栽培技术,可参照相枣的栽培技术实施。

二十四、无核小枣

(一)品种来源

无核小枣,又名虚心枣,空心枣。原产于山东省乐陵、庆云和无棣,以及河北盐山、沧县、献县与青县等地,以乐陵栽培较多。该品种是古老的地方名优品种。2000年9月,在山东乐陵全国红枣品种评比中,河北泊头市和东光县林业局选送的无核小枣,被评为银奖。

(二)主要性状

无核小枣树势中等,树体中大,干性中强,枝条中密,树姿开张。枣头红褐色,针刺中长。枣股中大,抽吊力较强,枣吊中长。叶片中大,卵状披针形,叶缘锯齿细。花小,花量多,为昼开型。果实小,圆柱形,平均单果重3.9克,大小不均匀。果皮薄,鲜红色,果面平滑。果肉厚,白色或乳白色,肉质细,味甚甜,汁液较少,适宜制干。干枣品质上等,制干率为53.8%。鲜枣可食率为98%~100%,含可溶性固形物33.3%。干枣含糖75%~78%。核小,中、小果核退化成膜状软核;该品种果实的少数大果核发育正常,且含有种仁。

无核小枣结果迟,产量较低。在产地果实9月中旬成熟,果实生育期为95天左右。

(三)适栽地区

无核小枣适应性较差,产量较低,对土壤条件要求较严,适宜于原产地栽植。

(四)栽培技术要点

无核小枣的栽培技术可参考金丝小枣的栽培技术。

二十五、乐陵无核1号

(一)品种来源

乐陵无核1号,原产于山东省乐陵,由山东德州市林业局和乐陵市林业局从无核小枣中选出。1996年9月,通过山东省科委组织的专家鉴定,命名为“乐陵无核1号”。2000年9月,在山东乐陵全国红枣品种评比中被评为金奖。

(二)主要性状

乐陵无核1号树势强,树体大,干性强,骨干枝较直立。果实圆柱形,平均单果重5.7克,大小较均匀。果皮鲜红色,果面光滑。果肉厚,黄白色,肉质细脆,味甘甜,汁液中多,适宜制干和鲜食,制干率为58.1%。干枣果形饱满,色泽鲜艳,果面皱纹浅而少,肉质细,味甘甜,含糖75.1%,品质极好。

该品种结果早,早丰产性强,4 年生树平均株产鲜枣 12.67 千克,坐果率高,丰产,盛果期树平均株产鲜枣 40 千克。在原产地,9 月中旬果实成熟。

(三)适栽地区

乐陵无核 1 号综合性状优于普通无核小枣,可作为无核小枣的替代品种,适宜于北方小枣区栽植。

(四)栽培技术要点

第一,乐陵无核 1 号为无核小枣中选出的优系,应加快苗木繁育。

第二,其他栽培技术,可参考金丝小枣的栽培技术。

二十六、圆铃 1 号

(一)品种来源

圆铃 1 号,是山东省果树研究所与东阿县林业局,1978 年从 10 年生圆铃枣中选出的优良株系。经品种比较试验和多点区试,其优良性状稳定。1986 年定名,2000 年通过山东省农作物品种审定委员会审定。

(二)主要性状

圆铃 1 号树势中等,树姿开张。枣吊中长,花量中多。果实较大,短柱形,一般单果重 16~18 克,大小均匀。果皮中厚,紫红色。果肉厚,肉质致密,较硬,甜味浓,汁液少,适宜制干和加工乌枣和南枣,制干率为 60%。鲜枣可食率为 97.2%,含可溶性固形物 33%。干枣果形饱满,富弹性,品质极好。

该品种结果早,早丰产性强,5 年生树每 667 平方米产鲜枣 600~1 000 千克,丰产,产量稳定。在山东泰安地区,4 月 18 日萌芽,5 月 28 日初花,9 月上中旬果实成熟,果实生育期为 95 天左右。

幼树早果性强,丰产,稳产,干枣品质优良,综合性状优于普通圆铃枣。2000年9月山东乐陵全国红枣品种评比中,山东宁阳县林业局送选的圆铃1号枣被评为金奖。

(三)适栽地区

圆铃1号适应性强,抗盐碱,耐瘠薄,枣果成熟期遇雨裂果轻。可作为圆铃枣替代品种,在北方宜枣地区栽植。

(四)栽培技术要点

第一,圆铃1号是目前圆铃枣理想的替代品种,应加快苗木繁育,加快推广力度。

第二,圆铃1号为制干品种,应在完熟期采收,并采取烘烤制干技术,提高干枣质量。

第三,其他栽培技术,可参考圆铃枣的栽培技术。

二十七、圆铃2号

(一)品种来源

圆铃2号,起源于山东省枣庄,由山东省果树研究所1998年从圆铃枣中选出。

(二)主要性状

圆铃2号果实中大或较大,一般单果重14~16克。鲜枣含可溶性固形物34%,可食率为96.6%,制干率为60%,适宜制干和加工乌枣与南枣,干枣品质极优。

该品种结果早,早丰产性强。当年枣头坐果率高,丰产,产量比普通圆铃枣高。枣果成熟期遇雨,裂果度轻,抗病力强。在山东泰安地区,圆铃2号枣树4月18日萌芽,5月28日初花,9月中下旬果实成熟。

(三)适栽地区

在北方宜枣区,可将其作为重点制干品种加以推广。

(四)栽培技术要点

圆铃2号的栽培技术,可参考圆铃枣的栽培技术。

二十八、乐金3号

(一)品种来源

乐金3号,起源于山东省乐陵,由山东省德州市林业局和乐陵市林业局从金丝小枣中选出,1996年通过省科委组织的专家鉴定,命名为"乐金3号"。

(二)主要性状

乐金3号树势中等,干性弱,树姿开张。枣股抽吊力弱,枣吊中长。果实圆柱形,平均单果重5.9克,最大单果重7.2克。果皮厚,紫红色。果肉厚,乳白色,肉质较硬,味甘甜,品质优良。适宜制干,制干率为57.4%。鲜枣可食率为96.7%,含可溶性固形物33.8%,维生素C 388.2毫克/100克。核小,纺锤形。干枣紫红色,果面皱纹少而浅,果肉饱满,富有弹性,耐挤压,耐贮运。甜味浓,含糖79.7%。2000年9月,在山东乐陵全国红枣品种评比中,乐金3号被评为金奖。

该品种结果早,早丰产性强,3年生树平均株产鲜枣18.9千克,丰产性好。

(三)适栽地区

该品种抗逆性强,综合性状优于金丝小枣,适宜于金丝小枣产区栽培。

(四)栽培技术要点

乐金3号的栽培技术,可参考金丝小枣的栽培技术。

二十九、宣城圆枣

(一)品种来源

宣城圆枣,又名团枣。分布于安徽省宣城市水东、孙埠和杨林等乡镇,为当地主栽品种,栽培历史已有400余年。

(二)主要性状

宣城圆枣树势强,树体大,树姿半开张。枣头暗紫色,针刺不发达。枣股大,抽吊力较弱,枣吊中长。叶片中大,卵状披针形,叶缘锯齿粗。花较大,花量中多。果实大,近圆形,平均单果重24.5克,大小均匀。果皮薄,赭红色,果面光滑。果肉厚,淡绿色,肉质致密,细脆,脆熟期枣果味甜略酸,汁液中多,适宜加工蜜枣,蜜枣品质上等。其白熟期果实含糖10.7%,酸0.23%,维生素C 333.1毫克/100克。鲜枣可食率为97.4%。核小,纺锤形,含仁率高,种仁饱满。

该品种多采用嫁接繁殖。嫁接苗结果早,坐果率高,丰产,产量稳定。盛果期大树株产鲜枣100~200千克。在产地,4月中旬萌芽,5月中下旬始花,8月中下旬果实进入白熟期。

(三)适栽地区

宣城圆枣适应性强,结果早,丰产稳产,盛果期和寿命长。适宜于南方蜜枣加工地区栽植。

(四)栽培技术要点

第一,宣城圆枣抗旱,不耐涝,宜选择排水良好的地区栽植。

第二,要加强枣园综合管理,逐步实施无公害栽培,以生产无公害枣果。

三十、宣城尖枣

(一)品种来源

宣城尖枣,又名长枣。原产于安徽省宣城市水东。主要分布于水东、孙埠和杨林等地,为当地主栽品种,栽培历史已有200余年。

(二)主要性状

宣城尖枣发枝力较弱,树姿开张。枣头红褐色,平均年生长量为52.2厘米。枣股大,多年生枣股有分枝现象,抽吊力中等,枣吊中长。叶较大,卵状披针形,叶缘锯齿粗。花量多,为多花品种。果实大,圆柱形,平均单果重22.5克,大小均匀。果皮红色,果面光滑。果肉厚,乳黄色,甜味淡,汁液少,适宜加工蜜枣。鲜枣可食率为97%,白熟期果实含糖9.9%,酸0.27%,维生素C 351.1毫克/100克。核小,纺锤形,含仁率高,种仁不饱满。

宣城尖枣结果早,产量高,成龄大树株产鲜枣50~100千克,最高株产量为150千克。在产地,8月下旬果实进入白熟期,9月上旬着色,果实生育期为95天左右。

(三)适栽地区

宣城尖枣抗旱,不耐涝,抗风力弱。结果早,早丰产性强,丰产稳产。盛果期和寿命长。加工蜜枣,品质优良,肉厚,核小,透明度高,素有"金丝琥珀蜜枣"之称。多用于出口,畅销国际市场。适于蜜枣加工地区栽植。

(四)栽培技术要点

第一,宣城尖枣抗枣疯病力弱,应注意加强预防。

第二,该品种抗风力差,应选择风力较小的地方栽植,并营造防风林带。

第三,该品种不耐涝,应选择排水良好的地块栽植。

第四,该品种加工的蜜枣,品质优良,有较强的市场竞争力。应逐步实施无公害栽培,生产无公害枣果,加工生产品质更好的蜜枣。

三十一、义乌大枣

(一)品种来源

义乌大枣,又名大枣。分布于浙江省的义乌和东阳等地。为当地主栽品种,已有700多年的栽培历史。原产于东阳市茶场,由实生苗中选出。

（二）主要性状

义乌大枣树体较大，干性较强，树姿开张。枣头棕红色，生长较细弱，针刺不发达。枣股中大，抽吊力中等，枣吊较长。叶片大，长卵形，叶缘锯齿粗。花中大，花量多，为夜开型。果实大，长圆形，平均单果重 15.4 克，大小较均匀。果皮较薄，赭红色，果面欠平滑。果肉厚，乳白色，肉质稍松，汁液少，适宜加工蜜枣，所加工的蜜枣品质上等。鲜枣可食率为 95.71%，白熟期果实含可溶性固形物 13.1%，维生素 C 503.2 毫克/100 克。核小，纺锤形，含仁率高，种仁饱满。

该品种结果较早，产量较高。在中等管理条件下，其成龄树一般株产鲜枣 35 千克，最高株产量为 100 千克左右。在产地，4 月上旬萌芽，5 月下旬始花，8 月中旬进入果实白熟期，11 月初落叶，年生长期为 200～210 天。

（三）适栽地区

义乌大枣抗旱，耐涝，结果较早，产量较高，加工的蜜枣品质好，适于南方蜜枣加工地区栽植。

（四）栽培技术要点

第一，义乌大枣抗逆性较强，水地、旱地均可栽植。

第二，义乌大枣要求较肥沃的土壤条件，要加强综合管理，并逐步实行无公害栽培。

第三，栽植义乌大枣需配置授粉品种。

三十二、龙　枣

（一）品种来源

龙枣，又名龙须枣、曲枝枣、蟠龙枣、龙爪枣等。在山西省太谷、河北省献县、山东省乐陵、河南省淇县和陕西省西安等地及北京故宫，均有分布。它多为庭院及“四旁”零星栽植，数量不多，栽培历史不详。

(二)主要性状

龙枣树势较弱,树体较小,干性弱,枝条密,树冠多呈自然圆头形,树姿开张或半开张。枣头紫红色或紫褐色,生长势弱,枝条弯曲生长,针刺不发达。枣股小,抽吊力中等,枣吊细而较长,弯曲生长。叶片小,卵状披针形,深绿色,较厚,叶缘锯齿细。花较大,花量中多,为昼开型。果实小,细腰柱形,平均单果重 3.1 克,大小较均匀。果皮厚,深红色,果面不平滑。果肉厚,绿白色,肉质较硬,味较甜,汁液少,适宜制干。干枣品质中下。鲜枣含可溶性固形物 30%,可食率为 90.3%。核中大,长纺锤形,不含种仁。

龙枣结果迟,产量低。在山西太原,4 月中旬萌芽,5 月下旬始花,9 月下旬果实成熟,10 月中旬落叶。

(三)适栽地区

龙枣抗逆性强,适应性广,结果迟,产量低,品质差,经济栽培价值不大。但它的枝条弯曲,枝形奇特,具有很高的观赏价值,可作为观赏树在全国宜枣地区栽植。

(四)栽培技术要点

第一,龙枣主要用于观赏,多在庭院和公园栽植,树干宜稍高,枝条不宜过密。

第二,龙枣的其他栽培管理,可按枣树常规栽培技术进行。

三十三、磨 盘 枣

(一)品种来源

磨盘枣,又名硙硙枣(陕西)、磨子枣、葫芦枣(河北)、药葫芦枣(甘肃)。分布较广,在陕西省大荔、甘肃省庆阳、河北省献县和山东省乐陵等地,均有栽培,但数量不多,多为"四旁"零星栽植。栽培历史久,可能起源于陕西关中一带。

(二)主要性状

磨盘枣树势较强,树体较大,干性中强,枝条粗壮,树姿开张。

枣头紫褐色，生长势较强，针刺发达。枣股较大，抽吊力较强，枣吊中长。叶片中大或较大，卵状披针形，深绿色，叶缘锯齿浅。花大，花量多，为昼开型。果实中大，石磨形。果实中部有一条缢痕。平均单果重7克左右，最大单果重13克以上，大小不均匀。果皮厚，紫红色。果肉厚，绿白色，肉质粗松，甜味较淡，汁液少，适宜制干。干枣品质中下，制干率为50.5%。鲜枣可食率为93.5%，含可溶性固形物30%～33%。干枣含糖63.8%，酸0.9%。核中大，短纺锤形，含仁率低。

磨盘枣结果较早，产量中等。在山西太原，4月中旬萌芽，5月下旬始花，9月下旬果实成熟，10月中旬落叶。其年生长期为180天左右。

（三）适栽地区

该品种适应性较强，产量中等，品质中下、经济栽培价值不大，但果实奇特美观，具有较高观赏价值。适宜于北方年均气温9℃以上作观赏品种栽植。

（四）栽培技术要点

磨盘枣主要作观赏品种栽植，其栽培技术可按枣树常规栽培技术进行。

三十四、茶壶枣

（一）品种来源

茶壶枣原产于山东省夏津，数量极少，多为庭院零星栽植。其栽培历史不详。

（二）主要性状

茶壶枣树势中等，树体中大，干性较强，树姿开张。枣头紫褐色，木质较松，针刺不发达。枣股中大，抽吊力中等，枣吊粗而较长，部分枣吊有分枝现象。叶片中厚，宽大，近似心脏形，深绿色。花量特多，为昼开型。果实较小，果形奇特，一般单果重4.5～8.1

克,大小不均匀。果肩部分有1~5个长短不等的肉质突出物,有的果实在肩部两端各有一个肉质突出物,形似茶壶的壶嘴和壶把,故名"茶壶枣"。果皮较薄,紫红色。果肉较厚,绿白色,肉质较粗,味甜略酸,汁液中多,品质中等,适宜制干和观赏。鲜枣含可溶性固形物30.4%,可食率为94%。核较小,短纺锤形,不含种仁。

茶壶枣结果较早,坐果率高,较丰产,产量稳定。在原产地4月中旬萌芽,5月底始花,9月上旬果实成熟。

(三)适栽地区

该品种适应性强;水地、旱地,山地和平地均可栽植。结果较早,较丰产,品质中等,经济栽培价值一般。但果形奇特,有极高的观赏价值,适于北方宜枣地区作观赏树栽植。

(四)栽培技术要点

茶壶枣主要用于观赏,干性中强,树姿开张,定干宜适当高些。其他栽培技术,可按枣树常规栽培技术进行。

三十五、胎里红

(一)品种来源

胎里红,又名老来红。原产于河南省镇平官寺、侯集和八里庙等地,数量不多,栽培历史不详。

(二)主要性状

胎里红树势较强,树体中大,枝条中密,树姿开张。枣头紫褐色,针刺不发达。枣股中大,抽吊力中等或较强,枣吊粗而较长。叶片中大,卵状披针形,叶缘锯齿细。花中大,花量多,7时左右蕾裂。果实中大或较小,尖柱形,平均单果重9.8克,大小不均匀。落花后幼果呈紫色。随着果实的生长,逐步变为水红色、粉红色或鲜红色,十分美观。果皮薄,果面光滑,果肉厚,绿白色,肉质细,较酥脆,味甜,汁液中多,品质中上等,适宜鲜食。鲜枣含可溶性固形物32.5%。核小,纺锤形。

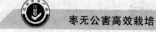

该品种结果早，产量中等而稳定。在原产地，4月中旬萌芽，5月下旬始花，9月下旬果实成熟，果实生育期为100~110天。10月中旬落叶，年生长期为175~180天。坐果不整齐，成熟不一致。

（三）适栽地区

胎里红适应性较强，结果早，产量中等，适宜鲜食，品质较好。该品种从萌芽至果实成熟，色泽多变，十分美观，具有很高的观赏价值。适于北方年均气温8.5℃以上地区，作为观赏和鲜食品种栽植。若以观赏为主，在全国宜枣区均可栽植。

（四）栽培技术要点

第一，胎里红坐果期不整齐，成熟期不一致，需分期分批采收。

第二，枣果成熟期遇雨，出现裂果和落果现象较严重，应注意预防。其他栽培技术，可按枣树常规栽培技术管理。

第五章　枣树苗木繁育

第一节　苗木繁育方法

苗木是枣树发展的物质基础。只有栽植高质量的苗木,才能建成高标准的枣园,达到早果、丰产和优质的目的。为了适应枣树迅速发展的需求,应重视和搞好优种苗木的繁育。

枣树苗木繁育方法,有根蘖繁殖(分株繁殖)、归圃育苗、嫁接育苗、扦插育苗和组培育苗等多种。目前,生产上普遍采用的是前三种繁育方法,也有少数科研、生产和教学单位进行扦插和组培育苗。

一、根蘖繁殖

枣树水平根发达。其水平根上的不定芽极易萌生根蘖。由不定芽萌发长成的苗木,为根蘖苗。利用根蘖苗栽植枣树,是我国广大枣区人民长期以来广泛采用的一种传统的栽植方法,也是20世纪70年代之前枣树苗木繁育的主要方法。根蘖苗由母树的营养体形成,基本保持了母树的各种性状,遗传变异很小,性状基本稳定。优良品种的根蘖苗,可直接挖来栽植,不需用优良品种的接穗进行嫁接。这种方法省工、省钱,操作简便,至今仍有不少枣区采用。但是,此法繁殖数量有限,远远满足不了枣树迅速发展对良种苗木的需求。根蘖苗与母体相连,根系发育不良,苗相不齐,品种容易混杂,苗木质量差,栽植成活率低,难以建成高标准的枣园。根蘖苗生长前期,主要由母体供给营养,由于消耗了部分母体营养,对母体的生长、结果都有不利的影响,而且枣树下的根蘖苗不及时清除,对枣园间作和其他管理,也会造成困难。

根蘖繁殖,有自然繁殖和开沟断根繁殖两种方式。

(一)自然繁殖

自然繁殖,是枣园通过土壤耕翻,使枣树浅层根系受到损伤后,伤口附近的不定芽萌发长成根蘖苗。有的枣树,树冠下不加任何管理,在自然生长状况下也能萌生出根蘖苗来。经常可以看到,张家院内的枣树,其水平根可通过隔墙延伸到相邻的李家院内,李家院内本来没有枣树也能长出枣树根蘖苗来。枣树根蘖苗大部移往别处栽植。有的不移植,就在原地长成枣树。有的枣园树龄大小不一,树相极不整齐,有几百年生的老枣树,有几十年生的结果大树,也有十几年生和几年生的小枣树,而且株行距也不规范。这是枣树根蘖繁殖的表现。枣树长期采用根蘖繁殖,既不利于品种的纯化,也不利于枣树生长、结果和品质的提高。

(二)开沟断根繁殖

开沟断根繁殖,是在萌芽前在树冠外围一侧或两侧,挖宽30～40厘米,深40～50厘米,长视树冠大小而定的条沟,切断沟沿直径2厘米左右的根,并将断根的伤口用刀削平,以利于伤口愈合。然后用混拌有腐熟有机肥的疏松湿土填平条沟,在断根的伤口附近,易刺激不定芽萌生根蘖苗。为促进根蘖苗的生长,要加强对根蘖苗的管理。在苗木生长期间,要进行施肥、浇水和叶面喷肥。苗木长到10～20厘米时,要进行间苗。选留生长健壮的苗木进行培养,将生长密挤和细弱的苗木疏除。苗高达到80厘米时,要进行摘心,以促进苗木加粗生长。根系较发达,地径达到0.8厘米以上的苗木,即可移栽。苗高不到80厘米,地径不足0.8厘米的苗木,要继续培养,待其达到标准时,再移栽定植。

(三)影响根蘖苗质量的因素

根蘖苗的质量,除与枣园立地条件和土壤管理水平有关外,也与根蘖苗着生部位有关。在母树主干附近粗根上萌生的根蘖苗,地上部生长较旺,但根系不发达,栽植成活率较低。着生在距母树主干较远处、从较细根上萌生的根蘖苗，根系较发达，移栽后成活率较高，生长也较好。在生产上，要注意多利用此类根蘖苗。

二、归圃育苗

为了提高枣树苗木的质量，20世纪80年代初，有部分枣区采用了根蘖苗归圃育苗的方法，取得较好的效果。

归圃育苗的具体方法是，将枣树下的根蘖苗刨起，集中栽到苗圃内进行培育。待苗木达到出圃要求时，再出圃栽植。实践证明，归圃育苗是培育枣树良种苗木比较简易的方法之一。经过归圃培育的苗木，根系发达，地上部生长充实，苗相较整齐，苗木质量较好，栽植成活率高，成活后生长快，结果早。优良品种的根蘖苗，经归圃培育后，可出圃栽植。

但是，这种育苗方法，受良种根蘖苗数量的限制。由于繁育数量有限，因而不能满足枣树快速发展对良种苗木的需求。而且，品种容易混杂，难以保证品种的纯度。品种不好的根蘖苗，归圃培育后可作为砧木，经嫁接良种接穗后，再出圃栽植。

为提高归圃苗的成活率和促进归圃苗的正常生育，可采取以下措施：

（一）归圃地的选择和准备

归圃地，宜选择地势平坦，土层深厚，土壤较肥沃，有水源条件，地下害虫少，交通较方便，土质为砂壤土或壤土的地块。归圃地选定后，如土壤水分不足，应先浇水，每667平方米施腐熟有机肥4000~5000千克，过磷酸钙100千克，碳酸氢铵100千克。肥料撒施后深翻土壤，把肥料翻入土壤中，及时耙平，做成苗畦，以备栽植。苗畦大小视地形而异，一般畦长5~6米，宽2~2.5米。

（二）根蘖苗的采集、包装和运输

挖掘或刨取根蘖苗时，要注意品种的纯度；地上部要有15厘米以上的茎干，带有3条以上10厘米长以上的毛根。苗木挖起后，要及时用湿土把根部埋住，不能在露地久放，以免蒸发失水而影响栽后的成活。异地用苗，要进行保湿包装，将每100株捆成一小捆，在根部蘸上泥浆后，装入麻袋或编织袋内包装。如果进行长途运输，车上要用帆布把苗木盖严，严防苗木在运输途中失水干燥，以免影响其成活率。

（三）根蘖苗的假植

根蘖苗挖起或远途运来后，如不及时栽植或短时内栽植不完，则要进行假植。假植时，选择排水良好的砂土或砂壤土地，根据苗木大小，挖掘深、宽适度，长度视苗木多少而定的假植沟。再在沟内把苗木一排排地斜放好。然后用湿土埋住根部，并充分灌水。

（四）栽植时期

归圃培育枣树根蘖苗，春、夏、秋三季均可进行。春季在土壤解冻后至枣树发芽前，夏季在6～7月份（麦收之后），秋季在枣树落叶后至土壤封冻前，进行归圃育苗。实践证明，春季归圃栽植，以枣树临近萌芽前为宜；秋季归圃栽植，以枣树落叶后早栽为好。据调查，各地归圃育苗大都在春季进行。

（五）栽植方法

为便于管理，归圃的根蘖苗木要按大小分级，分别栽植。栽植前苗木根部要浸水一昼夜，以使苗木充分吸水，并用萘乙酸或根宝、生根粉等进行处理。据山西省吕梁地区林业局等单位试验，归圃苗栽植前用ABT 3号生根粉50毫克/千克药液浸泡2个小时，成活率达90.9%。其当年苗高52厘米，地径0.6厘米，侧根11条。而对照的成活率为67.3%，苗高23厘米，地径0.4厘米，侧根5条。经ABT生根粉药液处理后，其成活率、苗高、地径、侧根数分别比对照提高23.6%，126%，50%和120%。试验证明：ABT生根粉用于枣树根蘖苗归圃育苗，可明显提高成活率，促进地上部和地下部根系的生长，提高苗木的质量。

根蘖苗经ABT生根粉药处理后，归圃地按行距50厘米，深20

厘米开沟，然后按12厘米左右的株距，把苗木稍倾斜栽于沟内。一般667平方米可栽11 000株左右，栽植深度与苗木原生长部位一致，以根部用碎土埋严为宜。苗木埋土后，用脚顺行踩实，使根系和土壤密接。随即灌水，待土壤稍干后及时松土。苗木留5厘米平茬，覆盖地膜。实践证明，不论春栽或秋栽，覆盖地膜可提高土壤温度和湿度，苗木萌芽早而整齐，苗木成活率高，生长好。据山西省阳曲县林业局等单位试验，归圃育苗覆盖地膜，成活率为77.28%；当年平均苗高24.48厘米，地径0.51厘米，新生根15.64条，直径0.2厘米以上的毛根4.22条。分别比对照提高43.87%，46.82%，21.57%，16.6%和50.24%。

（六）归圃苗的管理

苗木发芽时，用刀划开苗顶地膜，发芽后要及时抹芽。每株选留一个壮芽进行培养，而将多余的芽抹除，以防其消耗营养而影响所留壮芽的生长。展叶后至7月份雨季前，视土壤干旱情况及时进行浇水。浇水量不宜过多，以免降低地温而影响生长。苗木长到15厘米左右时，结合浇水进行第一次追肥，每667平方米施腐熟人粪尿2 000～2 500千克，或碳酸氢铵50千克。苗高30厘米左右时，结合浇水进行第二次追肥，追肥量同第一次。6～8月份的苗木生长季节，要进行叶面喷肥。在6月份和7月份，各喷一次0.4%的尿素；在8月份，喷一次0.3%尿素和0.3%磷酸二氢钾的混合液。如果喷后6个小时内降雨，则要进行补喷。每次浇水和降雨后，要及时中耕和除草，以利于保墒和防止草荒。苗高80厘米时，进行摘心，以促进苗木加粗生长。7～8月份，要注意病虫害发生。天旱年份易发生红蜘蛛，多雨年份易发生枣锈病。如病虫害发生较严重时，要及时进行防治。

在正常管理情况下，归圃苗成活率可达80%以上，成苗率可达70%左右，每667平方米可出合格成苗6 000余株。归圃育苗，一般2年可以达到出圃标准。

三、嫁接育苗

嫁接育苗，是20世纪80年代以来，全国重点枣区繁育良种枣苗所采用的主要方法之一。这是从优良品种的树上采集接穗，嫁接在适宜的砧木上，使两者愈合形成新的植株。用嫁接方法培育的苗木为嫁接苗。嫁接育苗的主要优点是：能保持母树的优良性状，并可利用一般品种的根蘖苗和丰富的野生酸枣作砧木（南方用铜钱树），同时能防止品种混杂，提高品种纯度。这种方法比较简单，容易推广，繁育速度快，育苗数量多，投入成本低，效益高，能满足枣树迅速发展对良种苗木的需求。

20世纪80年代以来，河北省赞皇县每年繁育酸枣嫁接苗几百万株，销往全国各地。嫁接品种主要是当地主栽品种赞皇大枣。2000年，全县酸枣育苗面积在500公顷以上，以每公顷出成苗60 000株计，2001年全县出圃合格嫁接苗3 000余万株，每株苗木按0.7～1元计价，全县酸枣育苗的收入可达2 000万～3 000万元。赞皇县已成为全国枣树良种苗木重点繁育基地之一。

山西省临猗县庙上乡，是临猗梨枣原产地。20世纪90年代以来，全乡每年繁育酸枣嫁接苗几百万株，近年来多达2 000余万株。所育苗木，除少数供当地满足发展需要外，大部销往全国各地。嫁接品种以临猗梨枣为主。庙上乡已成为临猗梨枣的主要繁育基地。

酸枣嫁接育苗，是一项简单易行、行之有效的实用技术。这项技术已在全国大部分枣区广泛推广。酸枣嫁接育苗实用技术的推广应用，有力地促进和推动了我国枣树产业的发展，同时增加了地方的财政收入，成为当地育苗专业户的一项主要经济来源，有不少农民靠繁育枣苗发了财。

通过嫁接实践，还培养了不少嫁接技术队伍，使农民掌握了一项实用技术，提高了农民的科技素质。河北赞皇、山西临猗和陕西绥德、米脂等地,有不少农民,靠这项技术挣钱。技术熟练者,每人每天可嫁接1 000株左右,有的可接1 300株以上。嫁接成活率一般都能达到90%以上。以嫁接1株0.1元计,每天可挣100元左右。按嫁接1个月计算,每年可挣3 000元左右。

枣树嫁接育苗的技术如下:

(一)砧木种类

枣树砧木,主要有本砧、酸枣和铜钱树三种。本砧,是指枣栽培品种品质较差的根蘖苗。酸枣,为枣的原生种,在全国分布很广,资源极为丰富,是我国最古老的野生果树之一。野生的酸枣树,可直接嫁接枣的良种。酸枣种仁饱满,酸枣仁是一种很好的中药材,药用价值很大。除药用外,枣树大规模育苗,可采用播种酸枣核和酸枣仁培育枣的砧木苗。本砧和酸枣砧在全国各枣区都可广泛应用。铜钱树,为鼠李科马甲子属植物,分布于四川、湖南、湖北、江苏、安徽、广西和云南等地。铜钱树,是野生植物,适应性强,生长快,容易繁殖,与枣树亲和力较强,嫁接成活率较高。在南方枣区,可用铜钱树作枣树良种的砧木。

(二)砧木种子的采集和处理

在秋季酸枣成熟季节,采集充分成熟的酸枣果实,放在地上堆沤5~7天。待果肉软化后,将其浸泡于水中,用手搓洗,使种核和果肉分离,去除水面上的皮肉和浮核,捞出下面洗净的饱满种核,铺在地面上进行晾晒。晾晒干后,贮于冷凉库房内备用。

秋季播种,种子不需进行处理。春季播种,种子需进行低温沙藏层积处理。低温沙藏层积处理的方法是:12月份播种前100天左右,将种核放在清水中浸泡2天,使种核充分吸水。种核数量多时,可选择背阴、干燥、通风和排水良好的地方,挖深、宽各50~60厘米,长度视种核多少而定的层积坑,坑底铺10厘米左右厚的干净湿沙或炉灰,再将种核和湿沙按1:4~5的比例,混拌均匀后,放在湿沙或炉灰上。距地面10厘米左右时,再铺放厚5~6厘米的湿沙和炉灰,以防水分散发。其上用草帘和木板封盖。为了使其通气良好,层积坑(沟)内每隔1~1.5米插一束秸秆或草把,坑内温度保持在1℃~6℃之间,湿度以湿沙和炉灰手握成团而不渗水为宜。如果种核数量少,也可用花盆或木箱层积。层积方法同上,种子层积后,可放在背阴处或冷凉的房间。种子层积期间,要经常注意观察,防止种核干燥。

若种核在冬季未进行层积处理,则可在春季播前进行催芽处理。其方法是:将种核放在冷水中浸泡两昼夜,中间换水一次,使种子吸足水分。然后去掉浮在水面上不饱满的种核,捞出饱满的种核与1.5~2倍的湿沙混合均匀,铺在光照充足的地上,厚为15厘米左右。铺好以后,在上面盖好塑料布。夜晚再盖上草帘以保温。处理期间,要注意观察,发现有30%以上种核开裂时,即用筛子筛去沙子,挑出开裂的种核,即可播种。未开裂的种核,再和湿沙混合均匀,铺在光照好的地面上,继续进行催芽处理。山西省临猗县庙上乡的枣农,多采用此法进行处理,效果较好。近几年来,大部分地区改用播种酸枣仁的方法。播种前,将种仁放在冷水中浸泡一昼夜,使种仁充分吸水。中间换水一次,并用木棍或手进行搅拌,去掉浮在水面上不饱满的种仁,取出沉在水下面的饱满种仁,即可播种。

在以上三种方法中,种核沙藏层积处理比较费工和麻烦。如果技术掌握不好,播种出苗率低而不整齐。种核沙层催芽,比沙藏层积处理,技术较易掌握,出苗率较高,苗木生长较好。种仁水浸后播种,方法简便,出苗率高而整齐,成本较低,效果良好,群众容易接受,已在全国枣区普遍推广。

(三)苗圃地的选择

苗圃地,应选择地势平坦,交通方便,土层较厚,土壤较肥沃,光照充足,有水源条件,地下水位1米以下,排水良好的中性或微碱性砂壤土地或壤土地。不宜选用重盐碱地、黏土地和低洼下湿地作苗圃地。用黏土地育苗,苗木根系发育不好,管理也不方便。苗圃地前茬作物以豆类和绿肥作物为好,苗圃地不能重茬。育过苗木的土地,需隔 3~4 年后,再用以进行育苗,以减轻病害的发生。

(四)播　种

秋季播种,在土地封冻前进行。春季播种,在枣树萌芽前进行。播种前,苗圃地要先进行浇水。待土壤稍干后,耕耙做畦。采用宽、窄行的形式做畦。宽行 45 厘米,窄行 25 厘米。用锄开沟,沟深 3~4 厘米。为节省种子,可采用人工点播,种间密度为 3~4 厘米。播种量为:种核,每 667 平方米 10 千克左右;种仁,每 667 平方米 1.5~2 千克。播种深度为 1.5~2 厘米。以埋住种子为宜。覆土后,用脚顺行踩压,使种子和土壤密接。然后,覆盖地膜,以利于增温和保墒。为使地膜牢固,防止刮风时地膜破损,可在行间地膜上每隔 1 米左右用碎土压住。

此外,山西省洪洞县农民采用以育代植的方法培育砧木,即把种子直接播种在定植行内,在整好地的定植行内开沟,按规划的定植株距点播种子,每点播种 3~4 粒种子。出苗后,选留其中生长好的一株苗木加以培养,而将其余苗木间除。以播代植法,节省种子,节省投资,不用移植,不伤根系,没有缓苗期,苗木生长快。一般播种当年,砧木就能达到嫁接的要求,第二年春季就可进行嫁接。有的品种苗木在嫁接当年,有部分植株就能少量结果。

(五)砧木的管理

播种后 10 天左右,开始出苗。在出苗期间,每天都要破膜放苗。否则,地膜下地表温度高,出土的幼苗易被烧死。一般经过 15 天左右,苗木即可出齐。出苗后,在苗木生长期间,要及时除草,严防因草荒而妨碍苗木生长。为抑制杂草危害,可在行间地膜上轻轻撒一层碎土。苗高 5 厘米左右时,进行间苗,按 6 厘米左右的距离留苗。苗高 10 厘米左右时,进行定苗,每隔 10~12 厘米留一株壮苗,而将其余苗木拔除或移栽别处。在雨季之前,视苗圃地墒情及时进行浇水。苗高15~20厘米时,进行第一次追肥,每667平方米追施腐熟人粪尿1 500千克,或碳酸氢铵50千克,或尿素15~20千克。苗高40厘米左右时,进行摘心,以促进加粗生长。在苗木的整个生长期间,要进行2~3次叶面喷肥。6月份和7月份,各喷一次0.4%的尿素。8月份,喷一次0.3%的尿素和磷酸二氢钾混合液。叶面喷肥后6个小时内,如果下雨,则要在雨后进行补喷。在苗木生长后期,要注意红蜘蛛和枣锈病的防治。每次追肥,要与浇水结合起来。在土地封冻之前,要浇一次越冬水。

(六)接穗的采集、处理和贮存

接穗应从无枣疯病的优良品种植株上采集。为保证品种纯度和优良性状,应建立相应规模的良种采穗圃。采穗圃要选择土壤较肥沃,土层较厚并有浇水条件的土地,按1米×2米或1.5米×2米的株行距栽植,每667平方米栽植222~333株,以每株采集150~200个接穗计,3年后每667平方米可采集30 000~45 000个接穗。接穗要从1~2年生枣头中上部生长充实、芽眼较饱满的枝条上采集。穗源充足,可全部选用枣头一次枝作接穗;若穗源不足,生长较充实的二次枝也可作接穗。接穗采集的时间为:枝接接穗,休眠期间均可采集,但以萌芽前采集的接穗含水量高,保存时间短,嫁接成活率高。如果接穗用量大,其采集时间可适当提早。在生产实践中,专门建有良种采穗圃的还不多,所需接穗主要是结合枣树修剪进行采集。也有的从苗木定干部位以上采集。接穗剪下后,不宜在露地久放,以防蒸发失水而妨碍成活。要及时进行剪短。节间在5厘米以上的,剪成单芽;节间不足5厘米的,剪成双芽,以便于操作。接穗枝径应在0.5厘米以上,以枝径1厘米左右为最好。在接穗芽眼以上1厘米处剪断,剪口力求平滑。接穗剪好后,要及时装入塑料袋或编织袋内,以防失水干燥。同时,要在当天对剪好的接穗进行蜡封。其方法是:把石蜡放在铁锅或铝锅等容器内,在火上加热,使之熔化,蜡温保持90℃~100℃。如果蜡温不够，则所封蜡层厚，不但造成蜡的浪费，而且嫁接时操作不便，同时嫁接后封蜡易脱落。有的人在石蜡中加少许蜂蜡、猪油与松香，蜡封效果更好。蜡封接穗，分伤口封闭和接穗全封闭两种。伤口封闭，是把接穗两端放在熔化的石蜡液中速蘸一下，仅把接穗的两端伤口蜡封住，冷却后装入塑料袋或编织袋内，放到冷凉房间或地窖内贮存备用。接穗全封闭，是把接穗置于铁(铝)笊篱内后，迅速在加热熔化的石蜡液中蘸一下，冷却后装入编织袋内，放到地窖内贮存备用。也可将接穗用湿沙混匀，放在背阴地方，上面用湿沙盖住，嫁接时随取随用。将蜡封接穗放在地窖内，可保存2～3个月。若接穗和湿沙混合贮藏，效果更好。但采用此法贮存接穗，要掌握好沙的湿度。湿度不够，接穗易失水干燥；湿度过大，又易发生霉烂。蜡封接穗的推广应用，延长了嫁接的时间，提高了嫁接的速度，增加了嫁接的数量，提高了嫁接成活率，有力地推动和促进了枣树良种苗木的繁育和推广，是枣树嫁接实用技术的一大进步。

(七)嫁接时期

枣树的嫁接时期，因嫁接方法不同而异。切接和劈接，宜在萌芽前20天内进行。此时，树液将开始流动，但砧苗尚未离皮，操作方便，成活率高。皮下接(也称插皮接)，在萌芽后至6月份砧木离皮期间，随时均可进行，但以砧木离皮后早接为宜。砧木离皮后及早进行嫁接，当年嫁接苗生育期长，苗木生长壮，质量好。嫁接期晚，虽然对成活没有影响，但当年嫁接苗生育期短，苗木生长不及早嫁接的好，质量比早嫁接的差。带木质部芽接，在6月份当年枣头半木质化期间进行。此时，芽眼基本发育充实，气温较高，树液流动旺盛，嫁接成活率高，嫁接后萌芽早，苗木生长快，当年大部分苗木皆可达到出圃要求。

(八)嫁接方法

枣树的嫁接方法，有劈接、切接、皮下接、舌接、芽接和带木质部芽接等多种。生产上常用的主要是劈接、皮下接和带木质部芽接三种。

1. 劈接 这是枣树嫁接最常用的一种方法。其主要优点是:嫁接时期早,嫁接成活率高,嫁接速度快,嫁接苗生育期长,接口愈合好,苗木生长壮,质量好,结果早。有的品种的嫁接苗,当年就有部分植株能少量结果。较熟练的嫁接能手,一天能嫁接1000株以上。如果接穗没有问题,嫁接成活率可达95%以上。苗圃地管理得好,当年80%以上的嫁接苗即能达到出圃的标准。

嫁接之前,苗圃地要先浇水,并把嫁接用的刀、修枝剪和塑料条等准备好,将砧木留6~7厘米长后剪去砧梢,清除地面地膜、杂草和枝叶,砧木地径要求在0.5厘米以上,以0.8~1厘米为好。地径不足0.5厘米的砧木也能嫁接,但要选用较细的接穗。操作时不太方便,要细心嫁接。嫁接后,苗木生长较弱,为提高砧木利用率,山西省临猗县庙上乡山东庄村的枣农,对较细的砧木,在根颈部去掉一层表土,在地面以下根颈部位嫁接,砧木地表下根颈部比地上部生长粗,皮层较厚,含水量较高,嫁接后砧木萌芽少,可减少除萌用工。接穗粗细,要与砧木粗细相适应,粗砧木选用粗接穗,细砧木选用细接穗。嫁接部位以靠近地面为宜,一般以在地面以上5厘米左右为宜。嫁接时,先把接穗下端削成长3厘米左右的楔形,削面要平整。然后在砧木地上部5厘米左右处,选平直部位剪截,剪口用力削平。再从剪口中部,用刀或剪顺纹向下劈(切、剪)一长3~4厘米长的裂缝。接着,把削(剪)好的接穗,快速插入砧木裂缝中,要求使砧木和接穗的形成层对齐,接穗的削面露出0.3~0.4厘米,以利于伤口愈合。最后用专用塑料条把接口绑紧,嫁接即告完成(图5-1)。

2. 插皮接 这也是枣树嫁接最常用的方法之一。其主要优点是:嫁接时间长,嫁接数量大,方法较简单,技术易掌握,嫁接速度快,形成层接触面大,嫁接后成活率高,嫁接苗生长快,结果较

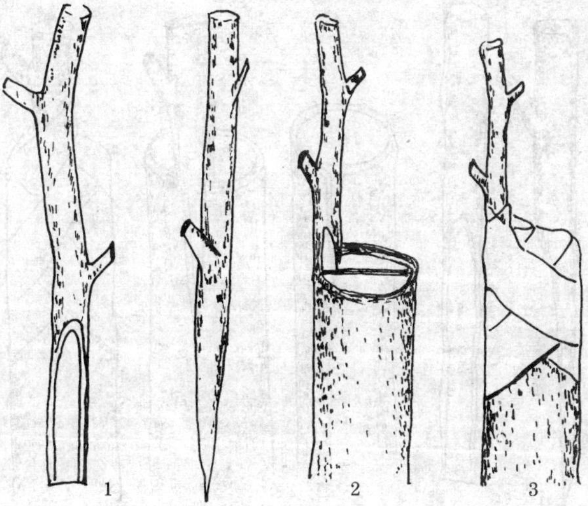

图 5-1 劈 接

1. 削接穗 2. 将接穗插入砧木劈口中 3. 用塑料条包扎接口

早。它的主要缺点是:接口当年不能完全愈合,抗风害能力不如劈接苗强。所用砧木,要求比劈接的大,一般地径要大于 0.7 厘米。嫁接前的地面管理,与劈接基本相同,只是砧木剪得要稍高一些,为 6 厘米左右。嫁接时,在接穗下端主芽的背面,用嫁接刀削一长 3~4 厘米的马耳形平直切面,切面背面削 0.4 厘米长的小切面。接穗削好后,在砧木平直光滑部位剪截,削平剪口,在迎风面从切口向下用刀切一裂缝,长 3 厘米左右,深达木质部。再用刀尖挑开切缝两面的皮层,把接穗大切面慢慢插入砧木裂缝中,接穗削面外露 0.3 厘米左右,以利于愈合。最后,将接口用塑料条捆紧即可(图 5-2)。

3. 带木质部芽接 芽接时期,北方地区在 6 月份,接穗用当年萌发的半木质化枣头枝。此时,枣头叶腋间的主芽已基本发育成熟。也有用发育好的二次枝作接穗的。枣头叶腋间主芽着生在

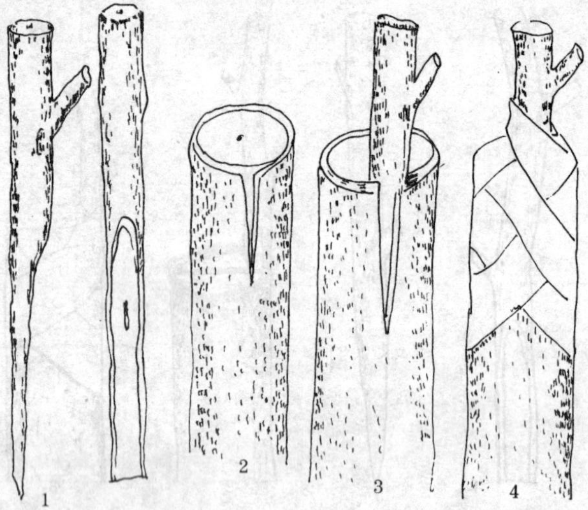

图 5-2 插 皮 接

1. 削接穗 2. 切砧木 3. 接合 4. 用塑料条捆绑接口

二次枝基部下面与一次枝的交会处,削取接芽较困难,此时芽片还较软,生长点往往不易带上,因而多采取带木质部芽接。6月份是北方枣树夏季修剪的适宜时期,可结合夏季修剪,采集所需品种的接穗,以提高接穗的利用率。6月份已进入高温季节,接穗剪下后要及时剪短二次枝(留1厘米长)和叶片(留叶柄),把接穗下端插入盛水的桶内或用湿布包好。不能在露地久放。否则,接穗因易蒸发失水而降低嫁接成活率。夏季芽接用的接穗,最好随用随采。若临时贮存,也要注意保湿。其保湿方法,是把接穗捆成小把,用湿沙埋住或用湿草袋包住,放在冷凉的房间或地窖内备用。嫁接前,砧木地要浇水,要清除地面杂草、地膜等废物。嫁接时,砧木留15厘米长后短剪,剪口要小而平滑。砧木短截后,随即削取接芽,二次枝留0.7厘米长左右后短剪,在枣头主芽的上面1厘米处横切一刀,切口长1厘米左右,深达木质部1/3(0.3厘米)。再从主芽下面1.5厘米处，向上稍带木质部斜削至横切口，削下的接芽呈盾形，长2.5厘米左右，宽0.8厘米左右，所带木质部上厚下薄。接芽削好后，放在口中保湿。接着，在砧木5~7厘米处，选平直部位，用刀切一"T"字形切口，深达木质部。横切口长1厘米左右，竖切口长1.5厘米左右。用刀尖挑开切口两边皮层，轻轻插入接芽，使接芽上端与砧木横切口贴紧对齐。最后，用塑料条自上而下地把接口绑紧，防止透气和失水。

6月份进行带木质部芽接，正值枝叶旺盛生长时期，嫁接后发芽早，生长快，管理好的苗木，当年可达到出圃要求。其主要缺点是：接穗来源有限，接穗利用率不太高，苗圃内嫁接操作不太方便，嫁接速度较慢，接活后砧木上萌芽多，除萌工作量较大。故生产上实际应用得不多。

（九）嫁接苗的管理

1. 除萌 嫁接后，砧木地上部大部被剪截，而且正处于苗木旺盛生长期。由于营养的转化，所留砧木上萌芽多。对砧木上的萌芽，要及时清除，一般每7~10天清除一次，连续清除2~3次，以防萌芽消耗营养，影响接口的愈合和接穗的生长。劈接和皮下接后，砧木上的萌芽也要及时清除。

2. 剪砧 带木质部芽接，接芽成活后长到15~20厘米长时，要用修枝剪把接口以上残留的砧木剪掉，剪口要小而平，以利于愈合。

3. 松绑 嫁接后，当接穗长到30~40厘米长时，要把接口处捆绑的塑料条，用利刀纵向割断，进行松绑。如不及时松绑，接口部位则易形成缢痕，苗木容易被风吹折。

4. 肥水管理 为促进嫁接苗正常生长，在嫁接后苗木生育期间，要加强肥水管理。视土壤干旱情况和苗木缺水表现，适时浇水，并结合进行追肥。一般追肥两次，肥料种类以腐熟的人粪尿为好。实践证明，追施人粪尿的苗木，根系发达。每667平方米每次追肥2 000～2 500千克。如缺乏人粪尿,也可追施化肥。每次追施碳酸氢铵50千克,或尿素15～20千克。第一次追肥,在6月下旬苗高20厘米以上时进行;第二次追肥,在7月下旬进行。在苗木生长期间,要进行叶面喷肥。具体方法是,6月份喷一次0.4%的尿素,7月份喷一次0.3%的尿素和0.3%的磷酸二氢钾混合液,8月上旬再喷一次0.3%的磷酸二氢钾。喷肥间隔时间为15天左右。如果喷后6个小时内下雨,则天晴后要及时进行补喷,以免影响肥效。

5. 中耕除草 在苗木生长期间,每次浇水和下雨后,要及时进行中耕除草,使土壤经常保持疏松和无杂草状态,以利于土壤保墒,并防止杂草与苗木争夺营养,而影响苗木生长。

6. 摘心 当嫁接的枣树苗木长到0.8米,达到出圃要求的高度时,要进行摘心,以促进苗木加粗生长,使苗木生长充实,提高苗木质量。

7. 浇冻水 当年秋季不出圃的苗木,在土地封冻前,对其苗圃地要浇一次越冬水。

对嫁接苗采取以上综合管理措施后,当年80%以上的嫁接苗,都可达到出圃的要求。

四、嫩枝扦插育苗

嫩枝扦插育苗,也是枣树良种苗木繁育途径之一。国外的枣树嫩枝扦插育苗,始于20世纪70年代的前苏联。国内的枣树嫩枝扦插育苗,起步较晚。1984年,山西农业大学园艺系贾梯同志进行此项试验,取得成功。近几年来,山西省林业厅技术站、山西省交城县枣树中心等单位,开展了枣树嫩枝扦插育苗,取得较好效果。枣树嫩枝扦插育苗的主要优点是:繁殖速度快、繁殖系数高,能结合枣树夏季修剪采集接穗,可提高接穗利用率,能保持品种的性状,扦插苗栽植后能长出本品种的根蘖苗。嫩枝扦插育苗的主要缺点是:需要有一定的设备,投资较大,对技术要求较高,对接穗利用不够经济。

(一)建立塑料大棚和小弓棚

嫩枝扦插需要在大棚温室或小弓棚内进行,生产上常用的是塑料大棚,建棚地址要选在背风向阳的地方。所用大棚的形式,有单斜面和双斜面两种,一般多为单斜面。大棚的山墙用砖或黏性土做成,墙厚1~1.2米。以砖为材料的,砖的中间要有隔温层。土墙成本较低,保温性能较好。后墙高3米左右,棚宽7米左右,长一般为50米左右。在后墙下面,要留一条50厘米宽的走道。棚顶支架有钢架、水泥架、竹竿架和竹皮架等。钢架和水泥架比较牢固,但投资较大。竹竿架和竹皮架比较省钱,但利用年限较短。支架上用保温型塑料布覆盖,上面再盖上黑尼龙网。建棚时棚内要有水源设施。按以上规格,建一个大棚需投资1万元左右。为节省投资,可利用旧的蔬菜塑料大棚,也可用小弓棚。小弓棚设备较简单,主要用料是竹皮、竹竿和保温塑料布。建造嫩枝扦插小弓棚时,宜选择土地平,土层厚,土质为砂壤土,土壤较肥沃,且有水源的地方。

(二)苗床和基质

苗床是供应插穗养分和水分的基地。扦插之前,要把苗床准备好,在棚内做成小畦,一般畦宽1~1.2米,长6.5米左右,畦埂高25厘米左右。苗床基质常用的有河沙、蛭石和炉灰等。基质要求通气、排水和容热性能良好。也可用较肥沃的腐殖质土、河沙、腐熟的有机肥和磷肥,按一定的比例,配制成营养基质。其比例为腐殖质土7份、河沙2份和腐熟有机肥1份,磷肥每667平方米1千克。基质备好后过筛,并用0.1%多菌灵或0.2%高锰酸钾、百菌清和根必治等药剂消毒,以防地下害虫危害。然后,把基质铺在苗床内,厚度为20厘米左右。其上再盖一层3厘米厚的洁净河沙,以利于扦插和为插穗生根创造条件。

(三)插穗的采集和处理

所用插穗,为当年萌发的枣头和永久性二次枝,以小苗上采集的插穗扦插成活率高。从大树上采集插穗,最好结合枣树夏季修剪进行,以便利用修剪下的枣头,弥补穗源的不足。但是,专从大树上采集插穗,穗源有限。插穗长15厘米左右,基部径粗0.5厘米以上,每个插穗有3个主芽,插穗成熟度以半木质化为宜,采集时间以早上和傍晚为好。插穗采下后,从顶端1厘米处剪平或保留顶芽不剪,将下端3~5厘米内的叶片去除,中上部叶片保留,并及时放到水桶中保湿。插穗从采下后到扦插前,都要保持新鲜状态。

插穗发根部位在下端剪口上。因此,扦插时下端要剪成斜面,剪口要平滑,以加大切口面,增加发根量。剪口部位可在节上,也可在节间,以节上生根多。在扦插前,把插穗下端浸入1 000毫克/千克吲哚丁酸(IBA)、吲哚乙酸(IAA)、萘乙酸(NAA),或50~100毫克/千克ABT生根粉1号、2号溶液中5~10秒钟,浸入深度为3厘米左右。据山西农业大学园艺系贾梯同志和山西农业科学院果树研究所枣课题组试验,促根生长药剂以吲哚丁酸发根较好。同一种促根生长药剂,浓度不同,其发根情况有所差异。药剂和浓度相同,品种不同,发根情况也有差异。用浓度为5 000毫克/千克、1 000毫克/千克、500毫克/千克和100毫克/千克吲哚丁酸液,分别进行处理,壶瓶枣嫩枝扦插的生根率,分别为90%,85%,90%和80%,而对照为70%;圆枣嫩枝扦插的生根率分别为15%,5%,5%和0,对照为0;辣角枣嫩枝扦插的生根率,分别为10%,20%,0和0,对照也为0。试验结果表明,壶瓶枣是嫩枝扦插易生根的品种,其对照生根率也达70%,比圆枣和辣角枣不同浓度处理的生根率都高的多。进行枣树嫩枝扦插育苗,需先进行生根剂种类、浓度和枣树品种的试验和筛选,以便对需要进行扦插育苗品种的嫩枝,选用最佳的药剂及其最佳的浓度进行促根。千万不可盲目从事，以免造成损失。

（四）扦插苗的管理

扦插时，在畦埂上架设木板，供扦插人员蹲在上面作业。扦插密度，按株行距5～6厘米×10厘米的标准掌握，一般每平方米插167～200条插穗，每667平方米插11万至13万根插穗。其成活率按80%计，每667平方米可出成苗88 000～104 000株。扦插后，要及时喷水。在生根阶段，要调节好温度和湿度。在初期，保持棚内温度为25℃～30℃，相对湿度为90%～100%，使棚内呈雾状，插穗上形成水膜。插穗生根后，要适当降低温度和湿度，使温度保持为20℃～25℃，相对湿度保持为70%～80%。在整个扦插苗的生根期间，温度不低于19℃，否则生根不良。采用人工方法调节温度和湿度，比较费工和麻烦。用中国林业科学院设计生产的自动喷雾机，可根据插穗和扦插苗不同阶段对温、湿度的要求，自动准确地进行调节，为插穗生根和扦插苗的生长，创造适宜的温、湿度环境，可有效地提高插穗成活率和促进扦插苗木的生长。而且可以提高工效，节省用工投资。扦插后，要注意观察插穗的生根情况。插后30天，插穗普遍生根后，要减少喷水次数，逐步打开遮光物，让苗木进行锻炼，适应外界的条件。两个月后，可全部去掉棚膜，让苗木在露天环境下锻炼。为促进苗木生长，插穗生根后要进行叶面喷肥，每10～15天喷一次，共喷3～4次。第一、第二次喷浓度为0.4%的尿素溶液，第三、第四次喷浓度为0.3%的尿素和磷酸二氢钾混合液。为了节约用工，叶面喷肥可与喷水结合进行。扦插苗一般在棚内越冬，第二年春季出圃定植。嫩枝扦插可在营养钵内进行，但购营养钵成本增加，故生产中应用不多。

五、起苗、分级、包装、运输和假植

（一）起　苗

起苗时期，因地区不同而异。南方地区，冬季土壤不封冻，可以起挖枣树苗木;北方地区冬季寒冷,土地封冻,枣苗宜在春季和秋季起挖。秋季,在落叶后至土地封冻前进行;春季,在土地解冻后至枣苗萌芽前进行。如苗圃地和苗床土壤干旱,起苗前要进行浇水,以避免和减少起苗时拉断和撕裂根系。起苗工具一般用铁锹或镢头,也有用起苗机的。刨苗或挖苗时,要尽量避免损伤根系,多带毛根。作业时间以无风天的上午和下午为宜,阴天最好。不宜在中午温度较高期间或大风天气进行。苗木刨起或挖起后,要及时把二次枝在保留 1 厘米左右后剪掉,以便包装和减少蒸发失水,并用湿土把苗木根部临时埋好,不能露天久放,以防因失水而妨碍苗木成活。

(二)苗木分级

苗木挖起后,要按中华人民共和国林业部(现林业总局)枣树丰产林标准,进行分级。凡出圃的苗木,都要达到下列标准:①品种纯正,不能混杂其他品种;②无枣疯病和介壳虫等病虫害;③地上部生长充实,主茎挺直,枝干根皮无机械损伤;④嫁接苗接口愈合良好,愈合面超过接口面的 2/3 以上;⑤根系发达,根蘖苗要有一段长 20 厘米以上的母根。各类苗木的具体标准,如表 5-1 所示。

表 5-1　枣树丰产林苗木分级标准

(中华人民共和国专业标准　ZB B64008-89)

级　别	苗高(米)	地径(厘米)	根　　系
一级苗	1.2～1.5	1.2 以上	根系发达,具直径 2 毫米以上、长 20 厘米以上侧根 6 条以上
二级苗	1.0～1.2	1.0～1.2	根系较发达,具直径 2 毫米以上、长 15 厘米以上侧根 5 条以上
三级苗	0.8～1.0	0.8～1.0	根系较发达,具直径 2 毫米以上、长 15 厘米以上侧根 4 条以上

近几年来,全国不少地方出现了枣树发展热。与其他落叶果树相比,枣树是发展最快的一种果树,因而对良种枣树苗木的需求

量大。有不少育苗单位(含个体户)因此取得较好的经济效益,进行枣树育苗发了财。在此情况下,也出现了苗木品种不纯和苗木质量不高的现象。为了防止品种混杂,刨取归圃根蘖苗和采集接穗时,品种一定要准确。在苗木生长期和出圃前,要进行品种的调查和核对。发现混杂品种的苗木,要加以标记。出圃时,要把混杂品种的苗木挑出来。从根本上解决和防止品种混杂的最有效措施,是建立良种采穗圃。山西临县枣区枣农感到近几年栽植的酸枣嫁接苗,成活率不高,在发展枣树种植业时不愿意要酸枣嫁接苗。分析其原因,与酸枣砧木本身根系较少,加之起苗时根系损伤较多,所起出的苗木在露天放置的时间较长,假植时苗木根系埋土不严,苗木栽植后浇水不足或浇水不及时等因素有关。其实,只要科学地认真操作,这些致因都是可以克服的,其栽植成活率也是可以提高的。比如有的地方栽植的酸枣嫁接苗,成活率达到了95%以上。

赞皇大枣和骏枣,是两个著名的兼用优良品种,近年来在北方枣区发展较多。河北赞皇县和山西交城县分别是这两个品种的原产地和集中产区,同时也是苗木繁育基地,每年都繁育相当数量的苗木供应全国有关枣树发展区。由于育苗规模大,优种苗木和接穗自身数量有限,有的育苗单位和个体育苗户就用别的品种代替,因而出现了品种不纯,良种不良的现象,使买苗者上当受骗。因此,在发展枣树优良品种栽培的过程中,既要惩治制假卖假、坑人害人的不法行为,也要普及和宣传科学育苗、识苗的知识和技术,以免造成不应有的经济损失。

(三)假 植

苗木刨起后,或从外地购运回来后,如不能及时栽植,或者因数量大、短时栽植不完,则需要进行假植。假植场地要选在地势开阔,土壤疏松,交通较方便,有水源条件,排水良好的背风地段。假植方法是:挖深30~40厘米,宽1米,长以苗木多少而定的假植沟,把苗木一排排地斜放在沟内,厚度不超过三层。苗木放好后,用细土把苗木根部和苗干中部埋好。如此一层苗一层土地进行假植。如果土壤墒情好,假植后则不需灌水;如果埋土比较干燥,假植后要及时灌水。秋季进行假植,时间不宜太晚,要在土地封冻前半月左右进行。实践证明,苗木假植以用河沙为最好。假植时要注意,枣树苗木不能整捆假植。否则,苗木不易埋严,冷风易从缝隙吹进苗木根部,使苗木失水干燥。同时,苗木根系密挤在一起,呼吸所放出的热量会使根系发霉腐烂,失去生命力。

(四)包装和运输

异地用苗,苗木要进行包装。包装前,要根据苗木大小进行分级。包装时,每30株或50株为一捆,并使根部对齐,蘸上泥浆。然后用编织袋包装好,挂上标签。标签上要注名品种、株数及等级。如果需要进行长途运输,则苗木根部除蘸泥浆外,还要放些湿稻草或湿锯末,并且最好采用双层编织袋或湿麻袋、湿草袋进行包装。有的用苗单位,为了包装和运输方便,采用截干包装方式,将苗木地上部留20厘米左右长后截干,然后按上述方法,把苗木根部和茎干全部包装好。运输工具,大都采用汽车,也有用火车和飞机运输的。若用汽车进行运输,则最好采用有棚顶的汽车;如用敞车运输,则要用篷布把苗木盖好,以防运输途中风吹日晒,使苗木失水,妨碍栽后成活。

第二节　建立枣树良种采穗圃

为了防止品种混杂,保证品种纯度,并为良种苗木繁育和品种改良换优,提供良种接穗,需要建立良种采穗圃。

一、采穗圃地点的选择

山区丘陵和平原的水地与旱地,均可建立采穗圃,但以有水源条件的平地砂壤土和壤土地为宜。

二、采穗圃的规模

采穗圃的规模,应根据良种繁育圃和品种改良所需良种接穗的数量而定。建立良种采穗圃,可采用两种方法:一种是定植良种苗木;一种是把一般品种的现有幼树,通过高接换种,改为良种采穗圃。进行高接换种,最好选择密植枣园。采用第一种方法,苗木定植后第二年就能少量采集接穗,第四年就能大量采集接穗。采用第二种方法,高接换种后第二年,就可采集部分接穗,第三年就可采集较多的接穗。

三、采穗品种和苗木的选择

采穗圃的枣树品种,宜选择良种苗木进行栽植,或采用高接换种方式,将原来一般的品种改造为所需要的品种。采穗圃的苗木,要选用符合国家规定的合格苗木。一定要保证品种的纯度和苗木的质量。

四、采穗圃栽植模式

采穗圃以采集良种接穗为目的。因此,采穗圃宜采取密植栽培模式和南北行向,株行距为1米×2米或1.5米×2米,每667平方米栽333株或222株良种枣树。同时,要采取规范化栽植,以保证圃内苗木的栽植成活率。

五、采穗圃的管理

对于采穗圃,要加强以土肥水为主的综合管理,以保证植株正常生育。采穗圃在综合管理较好的情况下,从第三年起,就可以提供一定数量的接穗。第四年后,每667平方米每年可采集3.5万~4.5万个接穗。

此外,结合良种枣园的整形修剪,也可采集接穗,以补充采穗圃穗源的不足。但是,采穗植株要加以标记,并指定专人采集,以确保品种的纯度。在穗源充足的情况下,要选用一次枝中上部饱满芽作接穗。在穗源不足的情况下,也可用生长较充实的二次枝作接穗。

第六章　枣树栽植技术

第一节　枣树园地选择

枣树抗逆性和适应性强，既抗严寒，又耐高温；既抗涝，又耐旱；既抗盐碱，又耐酸。山地、丘陵、平原，水地、旱地，地边、地堰、地塄、地埂，荒山、荒坡、荒沟、荒滩和“四旁”地，砂土、砂壤土、壤土、黏壤土、黏土、酸性土和碱性土等不同类型土壤，都能栽种枣树。因此，枣树在全国范围内分布很广，除黑龙江省和吉林省少数严寒地区外，其余的省（市、自治区）都有枣树的分布和栽培。枣树是我国栽培区域最广阔的落叶经济林树种之一。其中以黄河中下游的山西、陕西、河南、河北和山东五省栽培最集中。其栽培规模、鲜枣产量占全国枣树总面积和鲜枣总产量的 90% 左右，系全国重点产枣区。

枣树与北方其他落叶果相比，具有发芽迟，落叶早，休眠期长，生长期短，开花迟，花期长，花量大，枣吊（结果枝）当年脱落等特点。枣树在休眠期的抗寒能力很强，冬季在短时间内 －30℃以下的低温可安全越冬。北方枣区，4 月中旬日平均气温达 13℃～14℃时，枣树才开始发芽；日平均气温达到 19℃左右时，才开花，坐果期日平均气温要稳定在 22℃以上。除特殊年份外，枣树一般不存在冻树、冻芽、冻花与冻果问题。因此，枣农群众赞誉枣树是“铁杆庄稼”。

枣树抗旱能力很强。在年降水量超过 1 500 毫米的我国南方有枣树栽培，在年降水量仅几十毫米的西北区新疆阿克苏等地，枣树生长、结果仍表现良好，枣果品质优于内地，可望成为我国未来枣树良种最理想的适栽区。处在黄河中游的山西吕梁和陕西榆林地区，是全国主栽品种中阳木枣的产区。1997～2001年，该地区连续干旱5年，至2001年7月中旬，降水量不到60毫米，而且无一次有效降雨。在如此严重干旱的情况下，农作物无法下种，旱地农作物几乎绝收。但是，抗旱性能强的枣树，其生长、结果虽受到一定的影响，却仍能获得较好的收成，确实可谓黄土高原丘陵山区的抗旱先锋树种。

枣树虽然抗逆性和适应性都很强，但要获得早果、早丰、高产、稳产、无公害、优质与高效的栽培目的，其栽培园地就要选择年均气温在7.5℃以上，北方枣区海拔1200米以下，土层厚度在70厘米以上，坡度在25°以下，年降水量在400毫米以上，土壤pH值在6.5～8.2之间，日照充足，土壤较肥沃的地方为宜。

生产无公害绿色枣果，要选择具有良好的生态环境，空气新鲜，水质纯净，土壤未受污染，重金属(如汞、铅、砷、镉等)含量不超标，符合国家无公害绿色食品生产对大气、水质和土壤标准的环境建园，尽量避免在工业“三废”排放区、城市附近和交通要道等有污染源的地方建园。此外，要考虑品种因素，果实生育期长的晚熟品种，如鲁北冬枣、成武冬枣等，宜选择年均气温11℃以上的地区建园。否则，果实成熟不了或成熟不好，品种的优良性状就不能正常发挥，不仅影响质量，而且产量也不高。鲁北冬枣，原产地年均气温为12.5℃左右，生长、结果与品质表现都很好。管理较好的枣园，每667平方米可产鲜枣1000千克。将其引种到山西中部太原地区，当地年均气温接近10℃，在中等管理条件下，与其他品种相比，产量很低，果实大小也不整齐，10月中旬枣树开始落叶时，果实还不能正常成熟。所以，枣树园地选择，要因品种而异。即使不受气候条件影响，枣果能正常成熟，也要考虑品种的主要用途和它对肥水条件的要求等因素。交通不便的偏远山区，应以制干品种为主，不宜多发展鲜食品种。鲜食品种，宜在城郊和工矿区交通条件较方便的地区栽培,但要注意远离污染源。蜜枣加工品种,宜在蜜枣加工区栽培,这样可就近解决加工原料问题,避免因异地购枣而增加运输投资。对肥水条件要求较高的品种,要相应选择肥水条件较好的地区栽培,不宜在土壤瘠薄,肥水管理较差的地区栽培。总之,选择枣树园地,要考虑无公害绿色食品的要求,并因地、因品种制宜,力求有的放矢,避免盲目性。

第二节 枣树栽植时期

枣树栽植时期,一般分秋季和春季两个时期。秋季栽植,在落叶后至土地封冻前进行,以落叶后适当早栽为宜。适当早栽,土温尚高,根系伤口愈合早,来年苗木成活率高,生长良好。春季栽植,在土壤解冻后至枣树发芽时进行。实践证明,以枣树发芽前后栽植成活率高,萌芽早,生长较好。如栽植数量多,栽植时期可适当提前和延迟。南方枣区,气候温暖,冬季土壤封冻晚或不封冻,枣树从落叶后至翌年发芽前,整个休眠期间均可栽植。北方枣区,冬季比较寒冷,而且干旱多风,秋季栽植枣树,在冬季苗木易蒸发失水而影响成活,而且来年苗木发芽迟,生长弱;如栽后实行冬季埋土越冬,则又加大了劳力投资。有时,还出现苗干皮裂现象。实践证明,在北方地区还是以在春季栽植枣树为宜。

第三节 枣树栽植模式

一、平原枣树栽植模式

平原栽植枣树,多采用枣粮间作模式。行向为南北方向,株行距因品种和立地条件而异。树势较弱,树冠较小,立地条件较差,株行距宜小,一般株距 3~3.5 米,行距 7~8 米,每 667 平方米栽

23~33株。树势中庸,树体中大,立地条件中等,株行距应稍大。一般株距4米,行距9~10米,每667平方米栽16~19株。树势较强,树体较大,立地条件较好,株行距宜大,一般株距4~5米,行距12~15米,每667平方米栽9~13株。为便于栽后浇水,防止行间耕作时损伤枣树和间作物,妨碍枣树生育,树行内要留出1米宽的营养保护带。采取枣粮间作,可发挥枣树与间作物间的生物学互惠效应,提高土地利用率,改善生态环境,取得较好的经济效益和生态效益。如以枣树为主,进行纯枣园栽植,树势较弱,树体较小的品种,一般株距3米,行距4~5米,每667平方米栽44~55株。树势中庸,树体中大的品种,一般株距4米,行距5~6米,每667平方米栽27~33株。树势较强,树体较大的品种,一般株距5米,行距6~7米,每667平方米栽19~22株。为了提高枣树前期土地利用率,提高前期的产量和经济效益,可采取变化密植的模式进行栽培,行距不变,株间临时增加一株,对加密株采取控冠促果管理措施,以延长其栽培年限。当临时株妨碍永久株生育时,应进行移栽或间伐。鲜食品种,要求精细采摘;在定植建园时,宜采取矮密栽培模式,株行距一般为2米×3米,或3米×4米,每667平方米栽55~111株。

二、丘陵梯田枣树栽植模式

丘陵梯田枣树栽培,一般皆以枣树为主,应根据梯田宽窄和地塄高低,规划栽植点。其栽植密度因品种而异。小冠型和鲜食品种枣树,一般株行距为3米×4米,每667平方米栽55株。中冠型品种,一般株行距为3米×5米或4米×5米,每667平方米栽33~44株。大冠型品种,一般株行距为4米×5米或4米×6米,每667平方米栽28~33株。梯面宽度为4米以下条田的,在梯田外缘1/3处(距外缘1.2~1.5米)栽1行。梯田宽度在4米以上的,可采取三角形交错栽植。地塄高度1米以下的,可栽在塄下;地塄高度在1米以上的，可栽在塄上。要把枣树栽在最佳的位置，确立枣树“主人翁”的地位，以便于进行管理和使枣树正常生育。山西临县林家坪666.7公顷（1万亩）枣树良种示范园，全部为梯田，枣树栽植采取“回”字漏斗形的模式。其方法是：在梯田外缘做埂，株间做堰，呈“回”字形。栽植坑在外缘1/3处，稍低于四周，以便蓄集雨水。这种栽植模式，适宜雨量偏少的丘陵山区采用。其优点是有利于提高栽植成活率和促进枣树的生育。其缺点是整地较费工，地下管理不方便。

三、丘陵坡地枣树栽植模式

黄河中游的晋、陕黄土高原丘陵区，80%以上为旱坡地。其生态环境的主要特点是：气候较温和，土地辽阔，土层深厚，土壤贫瘠，日照充足，昼夜温差大，山峦起伏，海拔较高，坡大沟深，沟壑纵横，十年九旱，水土流失严重。山区群众祖祖辈辈沿用广种薄收的传统耕作方式，形成越种越穷，越穷越垦的恶性循环。至今，未能稳定脱贫。风调雨顺时脱了贫，遇到灾年又返贫。

为了从根本上改变黄土高原丘陵山区的生产条件，1985年山西省大宁县领导和山西省林业科学研究所的科技人员，通过调查和试验，研究出在坡耕地兴建隔坡水平沟的方法，使坡耕地局部变成沟坝地。隔坡水平沟的修建方法是：根据每块坡地的地形、地势和水势流向，按5～6米的坡距，自上而下规划，测出等高点，连成水平线，开挖水平沟。常见的水平沟规格有：深、宽各1米，深、宽各0.8米，深0.8米、宽1米和深0.7米、宽0.8米等四种。根据枣树根系生长分布特性和水土保持要求，一般以深0.8米、宽1米为宜。开挖水平沟时，表层熟土上翻回填，下面生土下翻做埂，埂基宽0.8～1米，埂顶宽40厘米。沟底和埂顶要求水平。水平沟挖好后，要及时回填，以防土壤失水。回填前，沟底最好铺一层植物秸秆，厚15厘米左右。沟深1米，回填熟土0.8米；沟深0.8米，回填熟土0.6米。熟土按每株40千克腐熟有机肥和1千克磷肥(过磷酸钙或硝酸磷),混拌均匀,分层踏实。栽植枣树时,根据其品种特性,确定株行距。中、小冠型品种,一般株行距为3米×5米(行距即坡距),每667平方米栽44株。树体较大的品种,一般株行距为3米×6米,每667平方米栽37株。坡度较大,土壤肥力条件差,株行距宜稍小一点;坡度较小,土壤肥力条件较好,株行距则可稍大一点。为了提高枣树生长前期的产量和经济效益,也可采取变化密植的方式,株间临时加密1株,8年后视植株生长情况,把加密植株予以移植或间伐。

采用隔坡水平沟栽植枣树,有效地拦蓄了坡面上的水和土,使沟内水肥条件逐步好转,为枣树生育创造了良好的条件,明显提高了枣树栽植成活率。1995年山西省临县兔坂镇圪垛头村,采用隔坡水平沟栽植枣树,成活率达92%以上,而且植株生长快,结果早,进入盛果期早。定植第三年的赞皇大枣树,单株最多可结400多个枣。山西省林业科学研究所1990年在本省石楼县前山乡郝家山村旱坡地上搞的隔坡水平沟密植丰产试验枣园,株行距为2米×6米,每667平方米栽55株枣树,品种为当地主栽品种木枣。5年生树的667平方米产鲜枣580千克,6年生树667平方米产鲜枣650千克。所取得的这一良好成果,在当地产生了较大影响,起到了很好的示范效应。

隔坡水平沟是黄土高原丘陵山区坡耕地防止水土流失的主要工程措施。采用隔坡水平沟的模式栽植枣树,把水土保持工程措施和生物措施有机地结合起来,有效地控制了水土流失。沟内栽树,坡面上种粮或种草(绿肥或饲草),形成了立体种植模式,发挥了土地的资源优势,提高了土地的利用率,并为枣树的生育创造了良好的条件,明显地提高了枣树的生产效益。用隔坡水平沟栽枣树,方法简单,便于推广,投资少,效果好,是黄土高原丘陵山区旱坡地栽植枣树的最佳模式。近几年来,山西吕梁山区群众在旱坡地栽植枣树，大都采用隔坡水平沟的模式。

四、城郊枣树栽植模式

城郊一般土地较少。为节约用地，栽植枣树宜采用矮密栽培模式，株行距为 2 米×3 米或 3 米×4 米，每 667 平方米栽 55～111 株。为提高前期栽培效益，也可采取变化密植的栽培方式，在株间临时加栽 1 株，按 1 米×3 米或 1.5 米×4 米的株行距定植。临时加密株采取适时枣头摘心、主干环割和枝条调整角度等早果、早丰技术措施，以延长其栽培年限。当临时株与永久株生长发生矛盾，影响永久株生长时，临时株要给永久株让路，及时进行回缩。影响一点，回缩一点。5 年后，对永久株生长、结果影响较严重时，可将临时株予以移栽或间伐。

五、"四旁"和庭院枣树栽植模式

枣树，是村旁、宅旁、路旁与水旁"四旁"和庭院最适宜的栽植树种。它不仅能结果，取得一定的经济效益，而且枣树的枣吊纤细柔软，形如垂柳，枣叶小而碧绿，枣花小而鲜黄，枣树花量大，花期长，大部品种的开花期在 40 天以上，枣花蜜盘发达，蜜液丰富，蜜质优良，开花期间，芳香味很浓，吸引以蜜蜂为主的昆虫，满树飞舞，尽情采蜜。每逢秋季枣果成熟季节，各种不同形状红绿相间的枣果，挂满树体，压弯枝条，具有很高的观赏价值，给人以美的享受。

在"四旁"和庭院栽植枣树，多为零星栽植。为了不妨碍交通，路边和庭院栽植的枣树，树干要适当留得高一些，一般不低于 1.2 米。品种选择，因地区不同而异。山区以制干品种为主，适当栽些兼用品种，少量栽些鲜食品种。平原以兼用品种为主，适当栽些鲜食和制干品种。城郊和工矿区，以鲜食品种为主，适当栽些兼用品种。庭院以鲜食和兼用品种为主。旅游区可选择一些观赏价值较高的品种，如龙枣、茶壶枣、磨盘枣、三变红、胎里红和辣角枣等。“四旁”和庭院的枣树，可按一般常规管理进行。鲜食品种树冠可适当控制，以便于人工采摘。制干和观赏品种，树体可大一些。

六、野生酸枣就地嫁接良种栽培枣

（一）酸枣的历史与分布

酸枣是我国最古老的一种野生果树资源。1973 年，山东省临朐县出土的文物中，发现有中新世（距今 1 200 万～1 400 万年）山旺枣叶化石。经考古者和我国资深枣树专家曲泽洲、王永蕙二位教授与现代酸枣叶比较，认为二者是很相似的。由此证明，酸枣起源于我国，距今已有 1 200 多万年的历史，是我国最古老的一种野生果树资源。

野生酸枣抗逆性强，荒山、荒沟、荒滩、地堰、地塄、地边、路旁和山崖石缝中，都能生长，砂土、砂壤土、壤土、黏土、酸性土和盐碱土等多种类型的土壤，都能适应，因而在全国分布很广。自古以来即有“荆棘遍地”、“荆棘丛生”与“披荆斩棘”等说法。其中的“荆”，是马鞭科的荆条，而“棘”就是酸枣。酸枣自然分布于我国北纬 30°～42°的广大地区，以黄河中下游的山西、陕西、河南、河北和山东等五省分布集中。仅山西运城市（原运城地区）就有野生酸枣 100 多亿株。此外，内蒙、辽宁、江苏、四川、安徽、吉林、甘肃、宁夏、新疆、浙江、湖北、湖南和贵州等地，也有酸枣树分布。

（二）酸枣的演变

栽培枣是由野生酸枣在漫长的历史过程中，经自然选择和人工选择而演变来的。酸枣是栽培枣的原生种。早在 3 000 年前的《诗经》中，就将枣与酸枣明显地区别开来。枣性高，故重朿；棘性低，故并朿。棘，酸枣也。有的学者把枣与酸枣定为两个种，有的学者把酸枣定为枣的变种。从酸枣演变情况看，酸枣是枣的原生种，栽培枣应是酸枣的变种。酸枣演进的过程，即栽培枣形成的过程。据调查发现和经同功酶分析，酸枣与枣之间有过渡型品种。1980年，山西省农业科学院果树研究所“国家枣圃”大马枣的实生苗中，出现了多种酸枣类型，分离现象十分严重，遗传性状极不稳定，其早果性，丰产性，果实的大小、形状、风味、大核与可食率等，都有很大差异，大部分实生苗变为野生性状明显的多种类型的酸枣。

(三)酸枣的主要性状

酸枣，一般多为灌木，叶小、花多、针刺发达、果小、核大、肉薄、可食率低、味酸、含仁率高和种仁饱满等。但酸枣的类型很多，其中也有果大、果肉较厚、果核较小、可食率较高、味道较甜的品种或类型。酸枣经过抚育，也能长成乔木，而且能长成非常高大的乔木。调查中发现，北京市崇文区和昌平区，山西省高平县、汾西县和古县，陕西省蒲城县和铜川市，河北省河涧市等地，都有干周2.5米以上，树龄500年生以上的大酸枣树。其中山西高平县石末乡石末村路边一株古稀酸枣树，树龄千年以上，干高2.83米，干周5.08米，树高11米，冠径东西为8.7米，南北为13米。它是全国最大的酸枣树，可称酸枣王。这样古稀酸枣树，是活的历史标本，是珍贵文物，对研究枣的历史、生物学性状具有重要价值。我国部分老酸枣树的生长发育情况，如表6-1所示。

表6-1 我国部分地区老酸枣树生育情况

分布地区	树高(米)	冠径(东西×南北)(米)	干高(米)	干周(米)	调查日期	备注(树龄)
山西高平县	11	8.7×13	2.83	5.08	1981.12.13	千年以上
北京市崇文区	21.35	9×10.53	1.15	3.85	1981.5.31	主干上萌生枣头
北京市昌平县	14.1	12.1×14	2.80	2.52	1981.6.1	
陕西蒲城县	9.6	5	2.90	3.00	1980.8.20	千年以上
陕西铜川市	9.6	8×4		2.78	1980.8.21	千年以上

(四)酸枣的主要用途

第一,酸枣抗逆性强,适应性广,是绿化荒山、荒沟、荒滩,水土保持,防风固沙和改善生态环境最理想的树种之一。

第二,酸枣是重要的药用植物。酸枣的种子,即酸枣仁,是重要的中药材,自古就已利用,既是兴奋剂,又是镇静剂。既提神,又养生,药用价值很高。一般酸枣核出仁率为18%~20%,每千克酸枣仁的收购价为30~40元。

第三,酸枣是很好的蜜源植物。酸枣花量多,花期长,蜜源丰富,蜜质优良,是很好的蜜源植物。酸枣多生长在荒山野岭,环境不受污染,也不施用化肥,不喷农药,酸枣花蜜属无公害产品。

第四,酸枣营养丰富,富含维生素C。据分析,每百克鲜酸枣果肉含维生素C 1 000毫克左右,比苹果高100倍以上,是天然的维生素C丸。并含有多种矿质元素和各种氨基酸,是很好的营养保健品。

第五,酸枣果实可制酸枣汁、酸枣露和酸枣酱等多种保健加工产品,酸枣枝条可做燃料,酸枣叶可制茶叶和作为羊、兔等家畜的饲料,酸枣核壳可制活性炭。酸枣树再生能力很强,针刺发达,可做生物防护围栏(围墙)。

第六,可作枣树嫁接的砧木。酸枣和枣皆为鼠李科枣属植物,二者亲缘关系相近,特征特性基本相同,嫁接容易成活。用它作枣树的砧木,有两种方式。其一是播种酸枣核或酸枣仁,培育酸枣实生苗,用于砧木嫁接大枣;其二是利用丰富的野生酸枣就地嫁接大枣。酸枣类型很多,用哪种类型酸枣作砧木好,目前尚无成熟资料,有待于今后加以研究。

(五)酸枣嫁接大枣的概况

在我国,利用野生酸枣嫁接大枣,已有600多年的历史。据中国果树志"枣卷"资料记载,陕西绥德至今尚有600~700年生、干周2米以上、用酸枣嫁接的木枣树,每年可产鲜枣25~30千克。

利用酸枣实生苗嫁接大枣，已成为北方地区 20 世纪 80 年代中期以来枣树苗木繁育的主要方法。仅河北赞皇县，每年繁育酸枣嫁接苗几千万株，繁育酸枣嫁接苗，已成为当地农民的一项主要经济来源。

利用野生酸枣坐地苗嫁接大枣，资源丰富，不用育苗，不占耕地，不争粮田，投资少，方法简单，便于推广，效果良好，是多、快、好、省地发展红枣产业的一种有效途径。以山西为例，20 世纪 60 年代中期，襄汾县在 153 个村的范围内开展了酸枣接大枣，至 80 年代初，历经 15 年，共接活枣树 120 余万株，年产鲜枣 100 余万千克，取得明显的经济效益和社会效益。通过酸枣接大枣，全县培养了 2 000 多名农民嫁接技术员。进入 90 年代以来，酸枣接大枣在山西出现了新的高潮，河津市于 1993 年利用酸枣坐地苗嫁接大枣 1 万株，1994 年嫁接 30 万株，1995 年嫁接 100 万株，1996 年嫁接 300 余万株，1997 年在全市 11 个乡镇 148 个村开展了酸枣接大枣，6.67 公顷（100 亩）以上连片 50 处，33.33 公顷（500 亩）以上连片 6 处，66.67 公顷（1 000亩）以上连片的有一处，嫁接株数超过 700 万株，1993～1997 年累计嫁接 1 100 余万株，嫁接成活率达 90%以上。

闻喜县的酸枣资源丰富，全县有 3 688 个磨盘岭（低矮山丘），梯田地边、地塄上长满酸枣树，据调查全县酸枣资源有 10 亿株以上。1995 年县化肥厂副厂长赵安顺同志，辞去副厂长职务，在侯村蔡薛村承包了 66.67 公顷（1 000 亩）荒山、荒沟，从外地请了 20 名农民技术员，一次嫁接酸枣 12 万余株，成活率达 95%以上。嫁接品种有临猗梨枣、赞皇大枣等，当年产鲜枣 3 万多千克，取得良好经济效益。这一典型起了积极的示范作用，县委和政府决定，要把酸枣接大枣作为丘陵山区人民脱贫致富奔小康的一项长效工程。1996～1997 年，全县集资 560 万元，在 230 个村 8 900 户，投入劳力 8.5 万多个，开展了大规模的酸枣接大枣工作，绿化了 1 466 个磨盘岭，共嫁接枣树 2 908 万余株，成活率达 90%以上，嫁接品种有赞皇大枣、骏枣和临猗梨枣等,1997年产鲜枣480多万千克,收入1000余万元,并带动了相关产业的发展,全县新建小型枣加工企业21家,取得了较好的经济、社会和生态效益。

实践证明,酸枣接大枣,生长快,结果早,投资小,回报率高,技术简单,容易掌握,便于推广,是一项多快好省发展枣业的好办法。

(六)酸枣嫁接大枣的技术要点

1. 立地的选择 酸枣抗逆性很强,对立地条件没有过高要求,遍地都能生长。但枣树是喜光树种,酸枣接大枣后要想取得理想的经济效益,北方地区,还应选择海拔1200米以下,土层较厚,光照较充足,坡度较小的地方,不宜在海拔1200米以上,土层太薄,光照不良,风力较大的地方嫁接。

2. 砧木的选择 宜选生长势较强,干径(地上部5厘米处)1厘米以上,茎干顺直、无病虫害的苗木。一般留株密度为平均每株有3~4平方米的生长范围,以保证植株有一定的营养面积。多余的砧木苗和杂草,要认真清除。为提高嫁接苗前期的经济效益,可采用变化密植的模式,先按每株1.5~2平方米的面积,留株嫁接。以后,视嫁接植株生长、结果情况,适时进行间伐。

3. 嫁接品种的选择 宜选择适应当地生态环境,抗逆性较强,耐旱、耐瘠、丰产和优质的品种。酸枣生长的立地条件较差,生长在地边、地堰和地塄上的枣树,对其进行地面和树上管理都有一定的困难,故宜选择抗干旱、抗瘠薄性能较强的制干和兼用品种,不宜选择对肥水条件要求较高的鲜食品种。

4. 接穗的选择和处理 接穗应在生长正常,无病虫的优良品种母树上采集。一般以1~2年生枣头一次枝中上部,芽眼饱满,枝径0.8~1.0厘米,长6厘米以上的枝条为宜。如果接穗不足,也可选用生长充实、枝径0.6厘米以上的二次枝作接穗。为防止和避免品种混杂,要建立采穗圃,并确定专人采集接穗,同时可结合修剪,采集接穗。在接穗采集过程中,要严防失水。接穗采后要及时进行蜡封处理。蜡液温度以100℃左右为好。蜡封后的接穗,装入编织袋内,放到冷凉的地窖贮存备用。最好用湿沙埋藏接穗。接穗采集时间,以枣树深休眠期为宜,以枣树临近萌芽前为最好。接穗贮藏期间,要进行检查,防止接穗失水干燥和发霉。接穗皮层呈淡绿表明生活力很强。当它的皮层变为淡黄或褐黄色,表明它的生活力很弱或已失去生活力,嫁接后难以成活,故不宜采用。

5. 嫁接时期 酸枣接大枣,春、夏、秋季均可进行。具体嫁接时期,因嫁接方法不同而异。北方地区,劈接宜在春季3~4月份酸枣砧木离皮前进行。插皮接宜在4~5月份砧木离皮后进行,以离皮后早接为好。砧木离皮后早进行嫁接,当年嫁接成活的枣头生长期长,生长量大,树冠成型快。带木质部芽接在夏季5~6月份当年新生枣头半木质化时进行,以早接为好。芽接在7~8月份砧木和接穗离皮期间进行。芽接一般当年不萌发,以适当晚接为宜。适当晚接芽眼生长充实,且可防止和避免当年接穗萌芽。

6. 嫁接方法 酸枣接大枣的方法,有劈接、插皮接、腹接、带木质部芽接和芽接等多种。生产上常用的,主要是劈接和插皮接两种。

(1)劈接 是生产上常用的嫁接方法之一。其主要优点是:嫁接时间早,接穗成活后生长期长,苗木生长快,接口愈合好,抗风力强。进行劈接,酸枣砧木以基部干径为1~2厘米的较小砧木为宜。嫁接部位,以靠近地面为好,一般距地面6厘米左右。嫁接时,先把砧木接口以下枝条和萌蘖剪除,选平直处剪(锯)断,用嫁接刀把剪(锯)口削平。然后削接穗,在接穗下端芽的两侧,将其削成外厚里薄、长3厘米左右的等长斜面,削面要平直光滑。接穗削好后,用劈接刀从砧木断面中部皮厚、纹理顺的部位劈开,把接穗插入砧木劈口内。插时要求接穗和砧木的形成层对齐,并使接穗削面外露0.3厘米左右,以利于愈合。若砧木较粗,可以插两个接穗。插接好以后,要及时用塑料条(带)把接口捆绑严密。

(2)插皮接 插皮接也叫皮下接,是酸枣接大枣采用最多的一种嫁接方法。其主要优点是:方法较简单,技术易掌握,嫁接成活率高。进行插皮接,要求选用干径为2~5厘米的较大砧木。干径大于5厘米的砧木,可进行多头高接,以免嫁接伤口较大,短期内愈合不好。干(枝)径3厘米以下砧木,可接一个接穗,干(枝)径3~5厘米的砧木,可接两个接穗,以利于接口早日愈合。嫁接部位干径为5厘米以下的砧木,以靠近地面为好。一般在距地面6厘米左右处的顺直光滑部位,把砧木剪(锯)断,用嫁接刀把伤口削平。然后削接穗,在接穗芽的下端背面向下削成马耳形,削面长3~4厘米,削面要平滑。在削面下端的背面,再削一个长0.5厘米左右的小斜面。接穗削好后,在砧木的迎风面皮厚处,用嫁接刀自剪(锯)口向下将皮层纵切一刀,长为2~3厘米,深达木质部,用刀挑开砧木皮层,插入接穗,使接穗大削面靠紧砧木木质部,削面外露0.3~0.5厘米。最后用塑料带捆绑严封接口。

(七)嫁接后的管理

1. 及时除萌 嫁接成活后,要及时剪除嫁接口以下砧木上的萌芽和砧木基部的萌蘖,以免消耗营养,影响接穗的成活和生长。

2. 适时解绑 接穗嫁接成活后,要适时解开捆绑嫁接部位的塑料带(条),以免影响嫁接成活后枣头的正常生长。如不及时解开捆绑塑料带,苗木加粗生长时,塑料带会长在树皮中形成缢痕,容易发生风折损伤。

3. 树立支柱 接穗成活后,枣头长到35厘米左右长时,要在旁边立一根支柱,用塑料绳把枣头(植株)绑在支柱上,以防风折损伤。枣头长到60厘米以上时,上面再绑一道塑料绳。

4. 枣头摘心 嫁接成活后,枣头长到70厘米左右长时进行摘心,以减少营养消耗,促进枣头生长充实。

5. 加强综合管理 有的地方反映,酸枣嫁接的大枣树,结果少,产量低,味道酸,品质差。分析其原因,主要是酸枣生长的立地条件差,加之管理粗放或不加任何管理,任其自然生长所造成的,而采用酸枣砧木并不是主要原因。要加强综合管理,因地制宜地做好水土保持工作,采取控冠修剪技术措施,重视病虫害防治,搞好土、肥、水管理。要合理施肥,提高土壤肥力。对树盘进行秸秆覆盖。在生长期进行叶面喷肥,于花期喷施促花坐果剂和微肥。遇到高温天气时,在早、晚进行喷水。在枣园放蜂,促进授粉坐果。要打旱井蓄水,浇灌枣树。在密度较小的嫁接枣园,对临时植株要促进早结果、早丰产。对永久株要以培养树形为主,兼顾结果,使其尽早形成树冠。当临时株影响永久株生长时,要进行回缩,给永久株生长创造条件;当影响较大时,对临时株要进行间伐。

如按上述方法进行管理,就会解决结果少、产量低、品质差与效益小的问题,达到早果、丰产、优质和高效的目的。山西省河津市上寨村周效康承包荒山、荒沟20公顷,1995年利用野生酸枣,原地嫁接梨枣7万余株。嫁接后,采取及时除萌,修筑梯田,增施有机肥,种植绿肥、树体整形修剪,花期喷水、喷肥(尿素、磷酸二氢钾、硼酸、硼砂等)、喷赤毒素及防治病虫害等综合管理措施,形成了高效丰产的生态枣园,2~3年生嫁接枣树的吊果比为0.994,基本形成1吊1枣的丰产树形。

经营养成分分析,酸枣接大枣的果实,其糖、酸及维生素C等含量,与原品种无明显差异,基本上保持了原品种的优良品质。

第四节 枣树栽植技术要点

一、选用壮苗

苗木质量,是影响栽植成活率和苗木生长发育的内在因素。在立地条件、栽培技术和管理水平基本相同的情况下,苗木质量对栽植成活率和苗木生育情况影响很大。1998年春季,山西省交城县枣树中心在本县义望乡大辛村枣树良种基地,栽植5万多株枣树,品种为临猗梨枣嫁接苗和骏枣归圃苗,以梨枣嫁接苗为主,苗木由该中心梁家庄育苗基地提供,苗木规格大部是一级苗和二级苗,也有少数为三级苗和四级苗。枣园立地条件为有灌溉条件的平地,土壤上层为砂壤土,下层为黏土。据调查:梨枣1年生嫁接苗,一级苗成活率为88.3%,二级苗成活率为85.7%,三级苗成活率为79.1%,四级苗成活率为63.1%。骏枣2年生归圃苗,一级苗成活率为95.4%,二级苗成活率为90.9%,三级苗成活率为85.6%。结果表明,不论是嫁接苗,还是归圃苗,不同规格的苗木,其栽植成活率有明显的差异。骏枣归圃苗根系较发达,成活率明显高于梨枣嫁接苗。山西闻喜县,1989~1993年,连续5年从河南新郑等地购买苗木300多万株,品种主要是灰枣,由于苗木质量等多方面的因素,其苗木栽植成活保存率不到10%,经济损失达500多万元。山西省潞城市2000年春栽植枣树133公顷,品种为从外地购买的梨枣嫁接苗。由于苗木质量差等诸多原因,有的苗木几乎没有毛根,栽植后成活率不到5%。2001年潞城市水利局从山西交城县购买了2000株2年生骏枣归圃苗,请专家对苗木质量把关,所购枣苗生长充实,根系发达,保水良好。栽植时又请枣树专家在现场进行示范和技术指导,结果栽植成活率高达99%以上,仅有6株没有成活。以上事例充分说明,苗木质量对栽植成活率影响很大。发展枣树,首先要选用高质量的壮苗。质量不好的苗木,不仅栽植成活率低,而且成活的苗木生长弱,结果较晚。

二、及时剪掉二次枝

枣树苗木,从苗圃挖起后,要及时把二次枝留1~1.5厘米长后剪掉,以减少和防止苗木因蒸发失水而影响成活,并便于包装和运输。有不少枣区,如山西柳林、太谷,陕西清涧、佳县和河北赞皇,部分枣农以往有带二次枝栽植枣树苗的做法。枣苗不剪二次枝就栽植,栽后因枝量多,地上部蒸发量大,苗木易失水而妨碍成活。此外,不剪二次枝既不便于包装、假植和栽植等活动,又不利于苗木的缓苗和生长。这种苗木栽植后缓苗期长。4月份栽的树,7~8月份才发芽,当年苗木生长弱,枣头生长量很小。有的苗木当年不发芽,出现死亡现象,第二年或第三年才发芽,故枣区有"枣树当年不活不算死"的说法。

三、确保根系发达

苗木出圃前,苗圃地干旱时要进行浇水,以避免因土壤干燥挖苗时撕裂根系。挖苗时,要把根系挖好,尽量多带毛根,避免根系损伤。苗木的根系要发达。按照国家标准,一级苗,其直径2毫米以上、长20厘米以上的侧根,要有6条以上;二级苗,长20厘米以上,直径2毫米的侧根要有5条以上。根系不发达的苗木不宜栽植。否则,不仅栽植成活率较低,而且缓苗期长,苗木生长较弱,结果也较迟。

四、大坑栽植,施足底肥

不管采用何种模式栽植,栽植坑或栽植沟都要达到标准要求,一般要求栽植坑或栽植沟深、宽各80厘米。挖坑时,要将表土和心土分别堆放,并且每坑施腐熟有机肥40千克,磷肥1千克。施时把肥料和熟土混合均匀,及时填入坑中,分层踏实,以防填土不实,栽后浇水时土壤下沉,使苗木栽植过深。

五、根部浸泡与用植物生长调节剂处理

栽植前,将苗木根部放在水中浸泡10~20个小时,让苗木吸足水分,并用萘乙酸、ABT生根粉和根宝等植物生长调节剂进行处理,可明显提高枣苗栽植成活率和促进苗木的生育。据河北省东光县林业局张全洪同志试验,1999年4月下旬在于桥乡前崔村栽

植5 500株金丝小枣二级归圃苗，栽植园地为有水源条件的砂壤土。栽植前，将苗木根部用ABT 6号生根粉50毫克/千克溶液浸泡1个小时。栽植后成活率高达97.4%，入冬前干径平均为2.46厘米，新生枣头平均生长量为187.6厘米，每株毛根数平均为31.6条；而对照的成活率仅43%，干径平均为1.2厘米，新生枣头平均生长量为29.8厘米，每株毛根数平均为12.5条。试验表明，枣树苗木栽植前用ABT生根粉溶液进行处理，可明显提高栽植成活率和促进苗木的生长发育。经过处理的苗木，栽植成活率，苗木干径，新生枣头生长量，毛根数量，均比对照高出1倍以上，效果非常明显。这项技术已在全国范围内广泛推广应用。为了降低成本，一般多用ABT 3号生根粉处理，溶液浓度为50毫克/千克。有的用萘乙酸处理，有的用山西农大研制的根宝处理。凡是用植物生长调节剂处理的苗木，栽植成活率都明显高于对照。

六、栽植深度适宜

栽植深度，是指埋土面到根际之间的距离。栽植枣树，深度要适宜。栽植时要使根系舒展，用湿土把根埋好，并用手将苗木轻轻上提一下，再用脚踩实，使根系和土壤密接。埋土深度，应比苗木原入土部位高出5厘米左右。栽完浇水后，土壤稍下沉，埋土的深度便基本和苗木原入土部位保持一致。栽得过深或过浅，都不好。栽得过深，地温低，通气差，不利于苗木根系发育，成活率低，缓苗期长，发芽迟，易出现假死现象。栽得过浅，苗木固地性差，刮风下雨和浇水后易发生倒伏，而且不耐旱。

调查中发现，有不少地方栽植枣树，采用林业上栽植木材树所用的“栽树没巧，深栽实捣”的老经验，把枣苗栽得较深。其实，这种做法对枣树而言，效果并不好。山西稷山县林业局姚彦民同志进行了栽植深度对成活率影响的试验，试材为2年生板枣嫁接苗。试验结果表明，栽得较浅的，成活率为87%，栽得较深、埋土高出根际20厘米以上的,成活率为72%。越是栽得深的,成活率越低,苗木生长越弱。

七、栽后浇水

不论是水地还是旱地,枣苗栽后都要及时浇水。栽后及时浇水、合理浇水,枣苗的成活率就高;反之,枣苗成活率就低。干旱山区栽植枣树,成活率普遍较低。其原因除与苗木质量差、不去二次枝和栽植深度不适宜等因素有关外,栽后浇水不及时或浇水量不足也是其中的主要原因之一。

枣树栽植后成活率的高低,及生长情况的好坏,与栽植地的土壤墒情及栽后浇水情况有直接的关系。在品种和苗木质量基本相同的情况下,水地和旱地栽植成活率差异很大。水地成活率平均可达87.9%,而旱地则不足30%。1994年山西临县兔坂镇圪垛头村,采用隔坡水平沟模式栽植了500株2年生赞皇大枣,苗木来自交城县林科所,栽后及时进行了浇水,且水量较足,其成活率高达90%以上,而且苗木长势良好,第二年都挂了果,第三年最多的单株结了484个枣。而大面积栽植的枣树,由于栽后浇水不及时,且浇水量不足,成活率只有40%~50%,有的不到30%。

以上事例充分表明,干旱山区栽植枣树,栽后是否能及时浇水或浇水量是否充足,是影响栽植成活率高低及生长情况好坏的关键因素之一。

八、覆盖地膜

枣树栽植浇水后,待土壤稍干,即应及时松土,平整树盘,覆盖地膜。这样做可显著提高所栽枣树的成活率,而且枣苗成活后萌芽早,生长好。据山西省稷山县林业局姚彦民同志试验,新栽枣树树行内覆盖地膜后,在4月下旬至5月下旬,0~30厘米深土壤层内的水分含量,比不覆盖地膜的对照区高1%~2%(表6-2),土壤温度高1℃～2℃，枣树发芽期提前 12 天左右，成活率提高 22.5%（表 6-3）。

表 6-2 地膜覆盖土壤与对照土壤的水分变化

处理	土层深度（厘米）	土壤水分含量（%）					平均值（%）
		4月20日	4月25日	5月5日	5月15日	5月25日	
地膜覆盖	0～30	20.40	22.23	18.22	18.05	18.16	19.43
	30～60	16.58	21.99	19.17	18.56	19.01	19.06
对照	0～30	16.44	20.30	18.16	17.77	17.81	18.01
	30～60	17.43	20.86	18.46	17.97	19.24	18.77

表 6-3 地膜覆盖对新栽枣树成活率的影响情况

处理	栽植日期	调查日期	调查株数	成活株数	成活率（%）
地膜覆盖	1994.11.14	1995.9.18	313	267	85.3
对照	1994.11.14	1995.9.18	316	198	62.7

第五节 盐碱地的枣树栽植技术

枣树是抗盐碱性能强的树种。在土壤 pH 8.4 以内，地表以下 40 厘米内单一盐分和氯化钠低于 0.15%，重碳酸钠低于 0.3%，硫酸钠低于 0.5% 的地区，均能栽种。河北沧州和山东乐陵市（原地区）金丝小枣区，土壤 pH 值一般在 8 以上，有的高达 8.4，金丝小枣生长、结果均表现良好，一般每 667 平方米可产鲜枣 750～1 000 千克，管理好的枣园可产 1 500 千克。成龄大枣树，抗盐碱能力很强。但枣树苗木抗盐碱能力比大树弱。调查发现，有的地区在盐碱地栽植枣树，成活率较低。1992 年山西榆次市（现晋中市榆次区）张庆乡在盐碱地栽植枣树 6.6 公顷，由于未采用有针对性的栽植技术，所栽枣树的成活率仅10%左右。

有关资料报道，我国目前尚有2 667万公顷（近4亿亩）盐碱地。盐碱地生产效益一般都较低。广大农民群众在长期的生产实践中，对盐碱地的改良和利用，积累了丰富的经验。其经验主要有：挖排水沟，高畦（高台或高垄）栽培，增施有机肥，换土铺沙，灌水洗碱，选用抗盐碱性强的作物等。采用上述措施，对盐碱地的利用都有一定的效果。

对于在盐碱地上栽植枣苗的技术，以往缺乏系统的研究。1993～1996年，山西农业大学杜俊杰、王志亚教授等，在山西榆次市张庆乡进行了盐碱地栽植枣树的技术研究，取得了在中度盐碱地栽种枣树成活率高达90%以上的良好效果。广大的枣农在枣树生产实践中，也积累了在盐碱地上种植枣树夺丰产的成功经验。为了更好地开发利用盐碱地，现将盐碱地栽植枣树的主要技术措施，简介如下：

一、选择耐盐碱的枣树品种

枣树的不同品种之间，耐盐碱的能力有明显的差异。多数品种可忍耐0.2%～0.3%的土壤含盐量。金丝小枣抗盐碱能力最强，可耐0.5%的含盐量。其他枣树品种耐盐碱能力大小的情况，依次是壶瓶枣、郎枣、赞皇大枣和骏枣，临猗梨枣、大白枣抗盐碱能力较差。在盐碱地栽种枣树时，事先要了解栽植地的含盐量。根据不同品种的耐盐碱情况，进行栽培枣树的品种选择，做到适地适栽。抗盐碱性能强的品种，能适应含盐量为0.5%的土壤；耐盐碱性能中等的品种，能适应含盐量为0.2%～0.3%的土壤；耐盐碱性能弱的品种，土壤含盐量不超过0.2%。

二、挖沟放水排盐碱

一般盐碱比较严重的地区，地下水位都比较高。在盐碱地挖掘排水沟,放水排盐碱,是广大农民群众改良盐碱地最广泛采用的一种措施。具体方法是:在盐碱地种植区外围,挖深1米左右或1米以上的排水沟或退水渠,在种植区每隔一段距离挖深70厘米左右的排水沟。通过挖沟排水,把种植区地下60厘米深处土壤中的盐分排除,以减轻土壤的盐碱度。利用排水沟排盐碱,是改良盐碱地既适用、又最有效的方法。

三、大坑栽植,换土铺沙

在盐碱地栽植枣树,栽植坑宜挖得大一些。一般坑的深、宽均不小于80厘米。盐碱度较严重的土壤,枣树栽植坑内要换上好土,再在其上盖5厘米厚的河沙。然后,把枣苗栽在非盐碱性的土壤中,以利于提高栽植成活率,并为枣树生长创造良好的条件。随着枣树的长大,抗盐碱能力也不断增强。经过几年后,栽植坑内原来所换的好土,又逐渐变为盐碱土时,枣树已经长大,抗盐碱能力也已大大提高。采用这种方法在盐碱地上栽植枣树,效果较好。其缺点是比较费工,从异地取好土,成本较高。

四、多施有机肥

在盐碱地栽植枣树时,多施有机肥,可有效地改变土壤的理化性状,改善土壤结构。据测定,盐碱地土壤有机质含量达到1%时,土壤含盐量可降到0.1%以下。在栽植坑内增施有机肥料和在坑底铺垫植物秸秆,对降低坑内土壤的盐碱含量效果明显。据试验,栽植坑每坑施厩肥15千克,秸秆4~5千克,土壤含盐量由5月3日的0.68%,降到11月18日的0.17%~0.23%。若施肥数量增加,则效果会更好。

在盐碱地栽植枣树,要重视施有机肥。这不仅能有效地降低土壤含盐量,提高枣树栽植成活率,而且可促进植株的正常生育,使其提早结果,早期丰产,改善果实的品质。

五、大水灌溉洗盐碱

盐碱地进行大水灌溉，可有效地洗掉一部分盐分，降低土壤耕作层的含盐量。据试验，在枣树栽植之前，用大水浇灌盐碱地，0～20厘米深范围土壤中的含盐量，由浇灌前的0.33%～0.46%，降到0.1%～0.23%；20～40厘米深范围内土壤的含盐量，由0.35%下降到0.09%～0.16%。这样的含盐量基本不妨碍枣树的栽植成活率和正常的生长。如果水源困难，可在栽植坑内浇足水。这也能起到洗盐压碱的作用。

六、坑底置放生物隔盐层

用中度以上的盐碱地栽植枣树时，在栽植坑下部铺垫15～20厘米厚的秸秆或醋糟等生物隔离物。50天后测定，坑底置放生物隔盐层的栽植坑内0～15厘米和15～45厘米范围内的土壤含盐量，分别为1.037%和0.155%，而对照为1.276%和0.300%。这就表明，栽植坑底部置放生物隔盐层，可有效地减轻土壤含盐量。大部分的秸秆在当年即可被分解。

七、坑壁贴套塑料薄膜

采用栽植坑底置放生物秸秆，可有效地阻挡生物层下面的盐分随毛细管上移，使坑内土壤盐分下降。但是，坑内四周的盐分还会横向移动到坑内土壤中。因此，在生物隔盐层的基础上，再在坑内四周切壁上贴套上一层塑料薄膜，在相当长的时间内，可阻挡坑外横向移动的盐分，使坑内土壤保持低盐量状态，有利于提高枣树栽植的成活率。随着枣树的生长，根系可穿破隔膜伸出坑外，坑外的盐分也会渗入坑内。但是，此时枣树已逐渐长大，不仅抗盐碱能力显著增强，而且根系吸收范围扩大，有利于枣树的生长。

第七章　枣树高接换种

第一节　枣树高接换种的意义

采用优良品种，是实现枣树高产、优质和高效栽培的首要条件。随着市场经济的发展和人们生活水平的提高，广大城乡居民对果品质量的要求愈来愈高。在这种形势下，品质较差的枣品种和低档次的枣果品，将逐渐失去市场竞争力，难以实现枣树高产、优质和高效的栽培目的。

为了提高枣树的生产效益，增加枣农的收入，适应国内外市场对枣果质量的要求，对原有品质较差，市场竞争力不强，生产效益不高的枣树品种，有计划地采用高接换种的方法，调整品种结构，进行品种改良，是一条非常有效的途径。山西临县安家庄乔峁村李庆炮，对原有的木枣树改接了部分骏枣和赞皇大枣。改接后第三年，产鲜枣 450 多千克，收入 2 000 多元。原有木枣树产鲜枣 1 000 余千克，收入 900 多元。通过高接换种，栽培效益提高 5 倍以上。山西省石楼县前坡村任建洪，原有 95 株小团枣，年产鲜枣 500 千克，收入 500 多元，每千克平均售价为 1 元。2000 年任建洪将 95 株小团枣树全部改接成帅枣，2003 年产鲜枣 450 千克，接近原来的产量，每千克售价 5 元，收入 2 250 元，生产效益提高 3.5 倍。

实践证明，枣树高接换种，进行品种改良，方法简便，技术容易掌握，嫁接成活率高，结果早，产量恢复快，经济效益好。因此，枣树高接换种，对于迅速扩大枣树优种数量，提高枣树生产效益，增加枣农收入，适应市场需求，具有重要的意义。

第二节 枣树高接换种的概况

枣树高接换种后，生长快，结果早，方法简便，效益好。一般高接的当年，枣头生长量达 1 米左右，大部分植株都能少量结果。3 年后，就能恢复到高接前的产量，但经济效益却比高接前提高 3 倍以上。因此，枣树高接换种，进行品种改良，自 20 世纪 90 年代中期以来，特别是近几年内，在全国不少枣区推广速度很快。

河北省沧县是全国枣产量最多的县。至 2003 年，全县枣园栽培面积为 4 万公顷，其中结果枣树面积为 2.67 万公顷，年产鲜枣 2 亿千克。主栽品种为金丝小枣。近年来鲁北冬枣栽培效益很好，每千克鲜枣的市场售价达 6～8 元，经过贮藏保鲜，其市场售价高达 20～30 元以上。而金丝小枣每千克鲜枣的市场售价仅 2 元左右，其栽培效益差异较大。因此，全县计划将金丝小枣改接 1.33 万公顷鲁北冬枣。山西原吕梁地区，至 2003 年，全区枣树发展到 10.67 万公顷，年产鲜枣 1.2 亿千克，主栽品种为中阳木枣。近年来还引进骏枣、赞皇大枣、金昌 1 号、临猗梨枣和鲁北冬枣等全国名优品种，鲜枣市场售价明显高于当地普通木枣。骏枣和赞皇大枣等引进优种，每千克鲜枣市场售价 4 元以上，而普通木枣每千克售价则在 2 元以下，栽培效益相差 1 倍以上，干枣的效益相差 3 倍以上。通过典型事例，使当地领导和枣农认识到优良品种的重要性。吕梁地委、行署研究决定，要在黄河沿岸兴县、临县、柳林和石楼四个重点产枣县，选择 40 个重点村，推广枣树高接换种，每个村高接换种面积不少于 13.33 公顷(200 亩)。在点上取得经验后，在全区普遍推广，逐步实现枣树栽培良种化。为了搞好枣树高接换种工作，从省财政部门争取了专项经费，规定每接活一个接穗补助 1 元，并聘请全国有关枣树专家作技术顾问，进行技术培训和现场技术指导。所高接的品种，主要是适应当地生态条件的骏枣、帅枣、金昌1号、赞皇大枣、临猗梨枣、鲁北冬枣和当地主栽品种木枣选出的优系。2003年,柳林县委、县政府把枣树高接换种列入重点工程项目,由分管农业、林业的副县长负责这项工作,召开了专门会议,落实了补助经费,举办了技术培训,组织了嫁接技术队伍,采用蜡封接穗皮下接的方法,在全县4个乡15个村共高接换种333.33公顷(5000亩),嫁接枣树7万多株,用接穗60余万枝,经检查,嫁接成活率达90%以上,大部高接树当年都结了果。2004年该县扶贫办又从省财政争取了枣树高接换种专项经费,加大力度进行枣树高接换种。

第三节　枣树高接换种的要领

一、高接部位锯口不宜过粗

实践证明,枣树高接,嫁接口的愈合程度与高接部位枝条粗度有关。枝条粗细适中,接口愈合较好;枝条过粗,则愈合较差。调查中发现,有的嫁接者为了省事,在较粗的主枝基部和大树主干中部进行锯截和嫁接,结果截口面过大,嫁接口长期不能愈合,嫁接成活率虽较高,但接穗新生枣头后期生长较差,因接口愈合不好,遇大风便容易从接口处折断。因此,枣树高接换种时,要注意接口部位枝条的粗度。一般接口部位枝条的粗度,以直径不超过5厘米为宜。直径超过5厘米以上,宜采取多头高接的方式,把接穗接在适宜粗度的枝条上。接口方向宜选在迎风面。接口直径在3厘米以上时,可接两个接穗,以利于早日愈合。老枣树高接换种,宜采取先进行更新,然后在更新枝上进行嫁接的方式进行。

二、高接换种要一次完成

笔者在调查中看到,有的地方,如山西柳林县石西、孟门等地,在进行枣树高接换种时，采取分期逐年换种的方法，每株树先改接一部分枝条，留一部分枝条让其结果，使其对当年产量影响小一些。但实际结果是树体营养分散，大部营养被未改接的枝条吸收，改接的接穗虽然成活率也很高，但因营养供应不足和光照条件不良的影响，接穗萌生的枣头生长不良。在相当长时期内，改接的品种结果不多，效益不高。而且，每株高接树上有两个不同的品种，也给管理带来不便。因为不同的品种之间，其丰产性、抗逆性、耐瘠性和抗裂性等不同，需要分别采取措施；而且成熟期不一致，还需分期分批采收。成熟期即使相同，也要分别采收，因为不同品种的果实，其生物学特性和商品价值都不相同。所以，枣树高接换种，对全园枣树而言，可分步实施，逐年完成，每年改接一部分植株。而对于一株枣树而言，则要求一次完成换种工作。这样，才能保证更换品种正常生长和结果，尽快提高产量和经济效益。

三、高接的时期和方法

枣树高接换种，一般在萌芽前后进行。其嫁接方法，主要采用劈接和皮下接(也叫插皮接)两种。萌芽前，枝条未离皮时，可采用劈接；4～5 月份枝条离皮后，宜采用皮下接。以离皮后早接为好。离皮后早进行嫁接，当年接穗萌生的枣头生长期长，生长量大。以上两种嫁接方法，以皮下接操作较容易，成活率较高。对于树干较高、枝条光秃部位过长的枣树，可采用皮下腹接。不论采用何种嫁接方法，都要选用质量好的蜡封接穗。嫁接后，对嫁接部位要及时用塑料条包扎、捆绑严实，以防止接口部位失水和下雨渗水而影响成活。

四、搞好高接后的管理

枣树高接换种，要想获得理想效果，就必须搞好嫁接后的管理。若只重视嫁接，而忽视嫁接后的管理，则往往会前功尽弃，造

成不应有的损失和不良影响。针对枣树高接后管理中出现的问题,应主要搞好以下几方面的管理:

(一)及时除萌和松绑

高接后,接口以下会刺激潜伏芽萌发。对于嫁接部位以下的萌芽,要及时疏除,以防止因营养的无谓消耗,而对嫁接成活率和接穗萌生枣头的正常生长与树冠培养,产生不利的影响。

由于高接后营养供应充足,接穗萌生的枣头生长较快,因此应注意在嫁接口愈合后,及时解除包扎物,进行松绑,以避免包扎物勒入接口部位,妨碍接穗的生长。

(二)及时立支柱防风害

高接当年,成活的接穗萌生的枣头生长较快,生长量一般可达1米或1米以上,但嫁接部位接口愈合还不太牢固,遇刮大风时易从接口处折断。为了防止风害,当接穗萌生的枣头长到30厘米左右时,应及时树立支柱(棍),把枣头绑在支柱上。当枣头长到70厘米左右时,再绑一次。待接口愈合牢固后,再去除支柱。

(三)加强综合管理

要想使高接换种植株,获得早果、早丰、高产、优质与高效的理想效果,就必须加强综合管理。重点要搞好土、肥、水管理,整形修剪和病害防治,丘陵山地枣园要搞好水土保持。对枣树树盘进行秸秆和杂草覆盖,在枣园种植绿肥。另外,还要打旱井蓄水浇灌枣树。在枣树花期,要喷施促花坐果剂,遇天旱高温时,早晚要对枣树进行喷水。

第八章　枣园科学管理技术

栽培枣树的目的,就是要获得理想的经济效益。当前枣树生产中的一个突出问题是:有相当一部分枣树的栽培管理粗放,甚至有个别枣园放弃管理,任其自然生长,导致单产低,经济效益差。

据有关部门资料统计,2000年全国枣园面积为100万公顷以上,其中结果树面积为53.27万公顷,年产鲜枣15亿千克,平均每667平方米产鲜枣191.47千克。

在全国各产枣区中,由于枣树品种、当地生态条件和栽培管理水平的不同,其枣果的产量和质量也存在一些差异。山西省有枣园面积31.77万公顷,其中结果树面积为15.57万公顷,年产鲜枣24万吨,平均每667平方米产鲜枣102.76千克。河北省沧县有枣园面积4万公顷,其中结果树面积为2.67万公顷,主栽品种为金丝小枣,年产鲜枣20万吨,平均每667平方米产鲜枣500千克,高于全国平均水平。山西临县有枣园面积4.67万公顷,其中结果树面积为2.67万公顷,主栽品种为中阳木枣,立地条件为丘陵旱地,年产鲜枣6万吨,平均每667平方米产鲜枣150千克,低于全国平均水平,高于山西省平均水平。山西省临猗县庙上乡有枣园面积0.47万公顷,其中结果树面积约0.4万公顷,主栽品种为临猗梨枣,立地条件为平原水地,年产鲜枣2万吨,平均每667平方米产鲜枣833.33千克。该乡山东庄村黄晓明经管的0.47公顷7年生临猗梨枣丰产示范园,平均每667平方米产鲜枣3000千克以上。

事实表明,枣树产量高低,与品种、生态环境、立地条件和栽培管理水平等因子有关。从丰产示范园可以看出,枣树并非低产树种,枣树有很大的增产潜力。有的枣树之所以低产,主要是由于栽培管理粗放所造成的。只要加强枣园综合技术管理,就可达到高产、优质与高效的栽培目的。

第一节　枣园土壤管理

一、秋耕枣园与翻刨树盘

平地和丘陵梯田的枣园，在秋季枣果采收后至土壤封冻前，行间要进行耕翻，深度为20厘米左右。以使土壤疏松和熟化，改善土壤理化性状，提高土壤吸水和保水能力，有利于冬季积雪，减少和消灭部分土壤中的越冬害虫。对于株间土地和零散枣树的树盘，要用铁锹或镢头进行深翻或深刨，以熟化土壤，并在寒冬冻死翻出的越冬害虫。

二、炮震松土

春季土壤解冻后至萌芽前，在丘陵旱地枣树树冠外围两侧垂直投影处，打两个深80～100厘米的炮眼，每个炮眼内放以硝酸铵为主要原料的自制炸药0.5千克，由专人用雷管引爆，将周围土壤震松。每炮松土范围为1米左右。炮震松土，可使土壤疏松，加厚活土层，提高土壤保水吸水能力和透气性，有利于土壤中微生物的活动，改善根系的生长环境。

三、在树行和树盘进行生物覆盖

丘陵山区枣树，大部没有灌水条件，在树行或树盘内覆盖10～20厘米厚的秸秆或杂草，其上压以少许碎土防风，并注意防火。这样做，不仅可有效地抑制杂草生长，提高土壤保墒能力，而且秸秆或杂草等覆盖物腐烂分解后，可增加土壤肥力，改善土壤结构，提高土壤有机质含量，促进枣树的正常生长和发育。

四、清除根蘖苗

枣树有一个显著的特点，水平根上的不定芽易萌生为根蘖苗。根蘖苗生长前期，自生根不发达，主要依靠母树提供营养。由于它吸收和消耗母体营养，因而对母树的生长和结果，均有不良的影响。根蘖苗如果不清除，对枣树地下部的管理会带来不便。但是，根蘖苗可用来繁殖枣树。这是我国传统的枣树主要繁殖方法。为此，应结合枣树归圃育苗，把枣树地生长的根蘖苗，于春、夏、秋季及时刨出，用于归圃育苗，以减少和避免根蘖苗对母体营养的争夺和消耗，并便于枣园的地下管理。

五、中耕除草

枣树生长期间，每逢降雨和灌水以后，要及时中耕松土保墒和清除杂草，一般全年中耕除草 4～5 次，使土壤经常保持疏松和无杂草状态。中耕除草，切断了土壤中的毛细管，使土壤疏松，抑制了土壤水分的蒸发，有利于土壤透气、吸水和保墒，防止杂草与枣树争夺水分和营养，并可减轻病虫的危害。在多雨年份，秋季或夏季杂草生长旺盛，可结合中耕除草，把清除的杂草堆积起来，用土盖住，沤制绿肥。也可把杂草直接压入土中或用于树下覆盖。此时温度高，湿度大，杂草当年就能腐烂分解，变成可吸收状态的有机肥料。

第二节　枣园施肥

肥料好比是植物的粮食。枣树是一种生命周期很长的植物，长期固定在一个地方，每年生长和结果都要消耗一定数量的营养物质。这些营养物质，是从土壤中吸收和叶片进行光合作用制造的。当前，有的枣树产量低的主要原因之一，就是长期不进行施肥，有的甚至不进行任何管理，任其自然生长，营养严重缺乏。要想获得早果、早丰、高产、稳产、优质和高效的栽培目的，就必须每年给枣树施肥，以提高土壤肥力，满足枣树生长、结果对营养的需求，发挥枣树应有的生产能力，并增强树势，延长树体寿命和结果年限，提高树体抗病性和抵御不良环境的能力。

一、肥料种类和施肥时期

（一）基　肥

基肥，是给枣树施用的主要肥料。基肥的施用量应占施肥总量的60%～70%。基肥的种类有各种农家肥，包括猪、羊、牛、马和兔等各种家畜肥，鸡、鸭和鸽等各种家禽肥，以及人粪尿、堆肥、饼肥、绿肥和草木灰等。基肥是完全肥，不仅含有枣树生育所需要的氮、磷、钾主要元素，而且含有枣树生育所需要的多种微量元素。其养分含量如表8-1所示。施用基肥，可提高土壤肥力和有机质含量，促进土壤中微生物的活动，为枣树的生长和结果奠定良好的物质基础。基肥，主要施用有机肥，不仅符合无公害栽培的要求，有利于提高树体和果实的抗病能力，还能有效地提高枣果的品质和市场竞争力，从而提高经济效益。

表8-1　各种有机肥的氮、磷、钾含量　（%）

肥料种类	养分含量			
	氮	磷(P_2O_5)	钾(K_2O)	备　注
大豆饼	7.00	1.32	2.13	1. 摘自：农业科技常用数据手册 2. 人粪尿为速效性肥，其余多呈迟效性肥 3. 各种有机肥呈微碱性
芝麻饼	5.60	3.00	1.30	
花生饼	6.32	1.17	1.34	
棉籽饼	3.41	1.63	0.97	
菜籽饼	4.60	2.48	1.40	
小麦秸秆	0.50	0.20	0.60	

续表 8-1

肥料种类	养分含量			
	氮	磷(P_2O_5)	钾(K_2O)	备注
玉米秸秆	0.60	1.40	0.90	
牛粪	0.36~0.45	0.15~0.25	0.05~0.15	
牛尿	0.60~1.20	无	1.30~1.40	
牛圈粪	0.34	0.16	0.40	
马粪	0.40~0.55	0.20~0.30	0.35~0.45	
马尿	0.13~0.15	无	1.25~1.60	
马圈粪	0.58	0.28	0.53	
猪粪	0.34	0.23	0.20	
猪尿	0.30~0.50	0.07~0.15	0.20~0.70	
猪圈粪	0.45	0.19	0.60	
羊粪	0.07~0.08	0.45~0.50	0.30~0.60	
羊尿	1.30~1.40	无	2.10~2.30	
羊圈粪	0.83	0.23	0.67	
鸡粪	1.63	1.54	0.85	
兔粪	1.58	1.47	0.21	
人粪	1.00	0.50	0.37	
人粪尿	0.50~0.80	0.20~0.40	0.20~0.30	
土粪	0.12~0.58	0.12~0.68	0.12~0.58	
塘泥	0.20	0.16	1.00	
沟泥	0.44	0.49	0.56	

施基肥，从9月份枣果成熟期至11月中旬土壤封冻前，均可进行，但以9月份枣果采收后早施为好。在北方枣区，一般在10月上中旬进行。因为秋季早施基肥，枣树叶片还未老化，落叶前还

能进行光合作用，制造有机营养，增加树体营养物质的积累，提高枣树自身的营养贮备水平，为枣树来年的生长和结果，打下良好的基础。同时，秋季早施基肥，土壤温度较高，湿度较大，根系还未停止生长，肥料在土壤中有较长的时间进行分解，有利于翌年枣树生长发育、开花结果时吸收利用。作基肥使用的肥料，要先经过腐熟。不能施用未经腐熟的新鲜肥料，因为肥料只有经过腐熟和分解，才能被植物所吸收。如秋季未施基肥，要在来年春季土壤解冻后尽早进行补施。春施基肥时可配合施一些速效磷肥，以便及早发挥肥效。

(二)追　肥

在一年当中，枣树生长期较短，休眠期较长。大部分枣树品种的年生长期为175～180天。在生长前期，枣树要萌芽、花芽分化、枝叶生长和开花坐果，物候期重叠，营养竞争激烈，各器官对营养需求量都较大。因此，在生长期间除施基肥外，还需追施速效性肥料，以满足各器官正常生育对营养的需求。常用的追肥种类，主要有碳酸氢铵、硝酸铵、硫酸铵、尿素、磷酸二铵、过磷酸钙、复合肥、腐熟人粪尿、氯化钾、硫酸钾和草木灰等。其养分含量如表8-2所示。

表8-2　几种常用化肥的氮、磷、钾含量　(%)

肥料种类	养分含量			
	氮	磷(P_2O_5)	钾(K_2O)	备　注
碳酸氢铵	17			
尿　素	45～46			呈中性
硝酸铵	34～35			呈微酸性
硫酸铵	20～21			呈微酸性
磷酸二铵	16～18	46～48		
磷矿粉		14～36		

续表 8-2

肥料种类	养分含量			
	氮	磷(P_2O_5)	钾(K_2O)	备注
钙镁磷肥		16~18		
过磷酸钙		14~20		呈微酸性
磷酸二氢钾		24~52	27~34	
硫酸钾			48~52	呈微酸性
硝酸钾	13.5		45~46	呈中性

根据枣树生育特点，在花期之前(含花期)，追肥以氮肥为主；幼果期之后，追肥以磷、钾肥为主。一般一年需进行三次追肥。第一次追肥在萌芽期实施。这次追肥可补充树体储备营养的不足，以利于枣树萌芽、花芽分化、枝叶生长和开花坐果。可施用碳酸氢铵、尿素、复合肥和腐熟人粪尿等。人粪尿，既可作基肥，也可作追肥。

第二次追肥在幼果期进行。枣树开花晚，花期长，花量大，开花坐果要消耗很多营养，而且枝叶这时还未完全停止生长，及时追肥，可缓解树体营养矛盾，补充各器官对营养的需求，减少生理落果。所追肥料，可选用磷酸二铵、复合肥和腐熟人粪尿等。

第三次追肥，在果实膨大期进行。这次追肥，可促进果实细胞分裂，增大果实体积，减轻后期落果，提高产量和品质。肥料种类以磷、钾肥为主，可追施过磷酸钙、磷酸二铵、复合肥和果树专用肥等。为了生产无公害果品，要少施和限量施用化肥。

(三)叶面喷肥

叶面喷肥，也称根外追肥。根据枣树各生育期的需肥特点，将速效性肥料溶解稀释为适宜浓度的肥液，选择无风或微风的天气，在上午 10 时以前和下午 5 时以后气温较低时，均匀喷布在树冠的枝、叶和花、果上，以补充树体营养的不足，满足枣树不同生育期对营养的需求。叶面喷肥，简便易行，具有省肥、省水、省钱，肥料吸收快和肥料利用率高的特点。投资少,效果好,经济实用,便于推广。叶面喷肥后,肥液在短时内即可通过气孔直接吸收到叶片内。据观察,喷施尿素后 2~3 天,叶片绿色明显加深,叶绿素含量提高,光合作用增强,光合产物增多,对枣树的生长、结果、果实品质提高和抗裂性增强,都有一定的效果。叶面喷肥,在枣树展叶后至落叶前均可进行。花期之前(含花期)和果实采收之后,喷肥以氮肥为主,常用的肥料主要是尿素。花后果实生育期至枣果着色前,喷肥以磷、钾肥为主,常用的肥料为磷酸二氢钾、氯化钾和草木灰等。叶面喷肥,肥效持续时间短,不能代替土壤施肥,只能作为一种土壤施肥的补充。

二、施肥数量和施肥方法

(一)施肥数量

施肥量的多少,因枣树年龄大小、树势强弱、肥料种类、结果多少和土壤肥力等情况而异。对于盛果期大树,应适当多施肥;在树势较弱、结果较多、土壤肥力较低和肥料质量较差等情况下,也应适当多施肥。反之,可适当少施肥。为了做到科学施肥和经济施肥,特介绍有关科研单位经调查和试验后,所提出的施肥经验供参考。

山西农科院园艺研究所和河北省赞皇县林业局提出,要想使枣树获得高产和稳产,就要使基肥施用量高于鲜枣产量的 1 倍,即产 1 千克鲜枣,就要施 2 千克基肥。山东果树研究所提出,每产 100 千克鲜枣,就要施纯氮 1.5 千克,五氧化二磷 1 千克,氧化钾 1.3 千克。

按此比例施肥,可保持枣树树势健壮,连年丰产。在一定条件下,枣树产量随施肥量的增加而提高,但施肥量也并非越多越好。到达一定限度后,施肥量增加,产量也不会提高,反而会有所下降,造成肥料的浪费,影响枣树的生产效益。因此,应根据叶分析了解树体的营养状况，确定经济而有效的施肥量，避免盲目施用肥料。中南林学院通过营养诊断，提出给13年生结果枣树每株的最佳经济施肥方案是：氮肥0.531千克，磷肥0.833千克，钾肥0.299千克。

追肥所需肥料的种类和施用量，因物候期不同而异。在萌芽期和开花期，以氮肥为主。结果大树，每株施速效氮肥0.5～1千克，以促进枝叶的生长，提高光合效率，增加光合产物，为花芽分化和开花坐果做好物质准备。花后果实发育期，以速效复合肥、果树专用肥为宜，也可施用腐熟人粪尿，结果大树株施复合肥，或果树专用肥，用量为1～2千克，或腐熟人粪尿30～50千克。以减轻生理落果，促进果实正常生育。

叶面喷肥，在展叶后至开花期进行，以氮肥为主。一般可喷浓度为0.3%～0.5%的尿素液。花后幼果生育期至果实着色前，以磷、钾肥为主，一般可喷0.2%～0.3%的磷酸二氢钾溶液。每半个月喷一次，尿素和磷酸二氢钾各喷2次。果实采收后，要及时喷一次0.4%的尿素，以延缓叶片的衰老，提高光合产物，增加树体营养物质的积累。

(二)施肥方法

1. 施基肥的方法 一般采用沟施的方法。具体有环状沟施、辐射沟施和轮换沟施等。环状沟施方法，是沿树冠外围投影处，挖掘环状施肥沟，沟深45厘米左右，沟宽35厘米左右。施肥时，把肥料和少量熟土混匀施入沟内，及时用土填平。辐射沟施肥方法是：自距主干80厘米左右处至树冠外围，挖4～6条深、宽各25～45厘米的里浅外深的辐射沟，将肥料拌少量熟土，施入沟内，用土填平。

比较常用而简便的施肥方法是，在树冠外围东西或南北挖深、宽各40厘米左右，长度视树冠大小和肥料多少而定的施肥沟，把肥料和少量熟土混合均匀后施入沟内，及时用土填平，东西方向和南北方向隔年进行轮换。

2. 追肥的方法 追肥，一般采用穴施法，也可采用沟施法。穴施法，是根据树冠大小，在树冠下挖不同数量的施肥穴，穴深15厘米左右，把肥料施入穴内，施后及时用土盖住，以防肥料挥发，降低肥效。沟施法，是在树冠下东西和南北的不同方位，挖深15厘米、宽10厘米的浅沟，把肥料施入沟内，然后及时用土把施肥沟填平。

对水地枣树，追肥时要结合浇水；对旱地枣树，追肥时要趁下雨时进行，以便使肥料及时溶解，被枣树吸收。各种肥料的当年吸收率如表8-3所示。

表8-3 各种肥料施后的当年利用率

肥料种类	当年利用率(%)	备 注
各种圈粪	20～30	摘自：农业科技常用数据手册
堆 肥	25～30	
人粪尿	40～60	
鲜绿肥	30	
碳酸氢铵	55	
硝酸铵	65	
硫酸铵	70	
尿 素	60	
过磷酸钙	25	
硫酸钾	50	
磷矿粉	10	
氯化钾	50	
草木灰	30～40	

3. 叶面喷肥的方法 为节省用工投资，叶面喷肥可结合喷药防治病虫害和花期喷生长调节剂时进行。喷后如果当天降雨，则要进行补喷。

第三节 枣园灌溉和水土保持

枣树是抗旱性强的果树。在黄河中游的山西临县、柳林、石楼和陕西佳县、米脂、清涧的沿岸枣区，1997～2001年连续大旱5年，农作物严重减产，旱地农作物几乎绝收。抗旱性强的枣树，小旱年份一般不减产，大旱年份也有一定或较好的收成，可谓抗旱先锋经济林树种，枣农称其为“铁杆庄稼”。但水是枣树生育不可缺少的物质，当水分不能满足枣树各器官正常生理活动时，枣树生育就会受到一定影响。北方枣区，水资源较缺，丘陵山区的枣树，大部没有灌溉条件，枣树用水主要靠自然降水补给。但是，自然降水量较少，分布又不均匀，而且水土流失严重，使自然降水利用率不高。由于缺水，导致丘陵山区枣树树势较弱，产量偏低，果实较小，质量较差，经济效益不高，未能表现出枣树应有的生产能力，大旱年份则更加明显，因而一定程度上制约着枣树产业的发展。因此，要想使枣树生产获得高产和优质，就必须满足枣树不同生育时期对水分的需求。水地枣园要进行灌水，丘陵山区旱地枣树要做好水土保持。实践证明，枣园灌水和水土保持，是枣树高产、优质与高效的重要措施之一。山西省吕梁地区临县克虎镇庞家庄村，位于黄河沿岸黄土丘陵区，是临县重点产枣区，全村有92.8公顷旱地枣园，品种为当地主栽品种中阳木枣，一般年份产鲜枣15万千克。1999年投资22万元，引黄河水上山，2000年这些枣园全都能进行灌水，全年灌水3次，当年鲜枣产量达30万千克。其他周边旱地枣树因干旱而造成减产，庞家庄村的枣树因能适时进行灌水，产量比往年翻了一番，单果重也比不灌水的增加一倍，每千克市场售价为2.8元。未灌水枣园的枣果，每千克市场售价仅1.2元。由于生产条件的改变，把旱地枣园变成水地枣园，产量增加了，质量改善了，经济效益也提高了。

一、枣园灌溉

根据枣树生育规律，水地枣园一般年份应在萌芽前、盛花期、果实膨大期和土壤封冻前，灌水4次，7～8月份果实生长发育，如遇干旱，则应适当增加灌水次数。枣树开花期长，花期对水分需求量大。实践证明，枣树花期灌水是一项重要的增产措施。据新疆阿克苏地区实验林场和林科所试验，试验地土壤为砂土，品种为赞新大枣，盛花期灌水的枣树，其果吊比为1.91，比对照（不灌水）的果吊比0.85提高124.71%。盛花期灌水的枣树，平均株产鲜枣6.00千克，比对照株产鲜枣4.64千克提高29.33%。灌水方法大部采用土渠畦灌。有的采用顺枣树行大水漫灌，这种灌水方法对水源浪费较大。为了节约用水，如有条件，可采用滴灌，也可采用围树干修直径1～1.5米的蓄水池进行单株灌水。每次的灌水量以能渗透到土壤60厘米根系主要分布层为宜。为了生产无公害枣果，枣园灌溉用水不能用工业排泄的废水和生活废水，以防止水源对枣果的污染。若要用工业和生活废水进行灌溉，则废水必须经过处理，使其达到国家对生产无公害绿色果品所制定的水质标准，才能使用。

二、枣园水土保持

分布在丘陵山区的枣树，大都没有灌水条件，而且地面水土流失严重。因此，栽培枣树要做好水土保持工作。水土保持的形式，因地形、地势而异。经常采用的有下列几种：

（一）修建水平梯田

在丘陵山区，修建水平梯田，是水土保持效果较好的一种形式。坡度为15°以下的坡地，根据地形地势，自上而下地修建外高里低的水平梯田，梯田面宽窄因坡度大小而异。坡度为10°～15°坡地，宜修成2～4米宽的窄条梯田；坡度为5°～10°的坡地，宜修成5~7米宽的中条梯田;坡度在5°以下的缓坡地,宜修成7米宽以上的宽带梯田或大块台地。为防水土流失,梯田外缘应稍高于里面,并在外缘做15厘米左右高的边堰。

(二)修建隔坡水平沟

在丘陵山区,坡度在10°以上、25°以下的坡耕地,可根据地形地势和水势流向,按一定的坡距,自上而下地进行规划,测出等高点,连成水平线,开挖水平沟。坡距大小因坡度大小和枣树品种特性而异。坡度大,树冠较小的品种,坡距宜较小;坡度小,树冠较大的品种,坡距宜较大,一般坡距为5~6米。总而言之,应以经济利用土地和空间为原则。

水平沟的规格,常见的有深、宽各80厘米,深、宽各1米,深80厘米、宽1米三种。根据枣树根系分布特点和水土保持要求,以沟深80厘米,沟宽1米为宜。

开挖水平沟时,熟土翻上回填,生土翻下做埂。埂基底部宽50厘米,顶部宽40厘米,高40~50厘米,沟底和地埂要求水平。水平沟挖好后,要及时用熟土回填,以防跑墒。回填熟土前,要深翻沟底,用铁锹深翻20厘米,使沟底变成20厘米深的活土层。然后在上面铺一层10厘米厚的生物秸秆或杂草。沟深1米,回填熟土80厘米;沟深80厘米,回填熟土60厘米。回填熟土时,要分层踩实。回填土表面距地面20厘米,以便积水。水平沟要求水平,以便沟内均匀积水。如果水平沟出现有高差时,则可在沟内隔段筑挡水墙。

修筑隔坡水平沟,是丘陵山区坡耕地防止水土流失的主要工程措施。采用隔坡水平沟栽植枣树,可在沟内栽树,坡面上种粮或种草,使水土保持工程措施和生物措施有机地结合起来,有效地拦蓄坡面的水土,控制水土流失,做到土不下山,水不出沟,沟田内土、肥、水条件较好,为枣树的正常生育创造了良好的条件。同时形成立体种植模式,充分发挥土地资源的作用,提高土地的利用价值。山西省林科所1990年在石楼县前山乡郝家山村搞的隔坡水平沟枣树密植丰产试验园，品种为当地中阳木枣，株行距为2米×6米。1994年，5年生树平均每667平方米产鲜枣580千克，比当地传统栽培模式的同品种同龄树，产量提高3倍以上。修筑隔坡水平沟栽培枣树，方法简单，便于推广，投资小，效果好，是丘陵山区坡耕地枣树水土保持的最佳模式。20世纪90年代以来，山西吕梁地区临县、柳林、石楼和临汾地区永和、大宁等县，已普遍推广应用。

（三）打旱井蓄水浇灌

在丘陵山区和水源缺乏的地区，于枣园附近和路边，选择适宜地段，修建旱井（也叫水窖、蓄水池），把地面上天然雨水蓄积起来，用于枣树灌溉，可明显提高枣树的产量、质量和效益。

黄河中游的陕西省佳县，是陕西省红枣产量最多的县，年产鲜枣3500万千克，也是全国的重点产枣区。该县从1997～2000年连续干旱，1999年全县粮食减产85%以上，旱地农作物基本绝收，全县人均粮食仅30千克，而且成熟不良，籽粒不饱满，质量较差。在如此严重的干旱情况下，枣树的生长和结果也受到了一定的影响，使全县枣果约减产25%左右。但是，蓄水浇灌的枣树，在大旱之年，仍然获得丰产丰收。在国家科技部VNDP科技扶贫项目办的支持下，全县共修建蓄水窖800多个，每个蓄水窖蓄水量为30～50立方米。据调查，峪口乡小页岭村修建蓄水窖195个，户均3个，全村有枣树20公顷，其中有13公顷枣树进行了浇水，全年共浇水4次，因而在大旱之年的枣产量，比往年增产20%左右。据示范户李涛生介绍，天旱年份，枣树浇与不浇，产量相差1倍，产值相差70%。

经1999年采样测定，浇灌过的枣树，品种为当地木枣，鲜枣单果平均重10.75克；未浇灌的相同品种枣树，鲜枣单果平均重仅4.84克，相差1倍还多。

(四)修建鱼鳞坑

在丘陵山区,如果地块零碎,坡度较大,枣树零星分散生长,不宜修建水平梯田和隔坡水平沟时,可根据枣树的分布情况,因树制宜地修建鱼鳞坑。

在树干下方,修筑半月形拦水土埂,形如鱼鳞,故称鱼鳞坑。土石山区的鱼鳞坑,多用石块筑拦水埂。拦水埂一般高50厘米左右,埂顶宽40厘米左右。鱼鳞坑的大小,因坡度和树体大小不同而相异。坡度大,鱼鳞坑宜小。具体说,大枣树,其鱼鳞坑一般直径为2米左右;小枣树,其鱼鳞坑直径为1.2米左右。坡度小,鱼鳞坑宜大。具体说,大枣树,其鱼鳞坑直径为2.5米左右,小树的为1.5米左右。鱼鳞坑可拦截枣树上方和树冠的雨水,供给枣树生长和结果对水的需求,并可减轻和防治水土流失,是丘陵山区水土保持常见的措施之一。分布高度相近的枣树,修筑鱼鳞坑时要力求等高,相互用小水沟串联。在拦水埂的两端要做排水沟,以便把多余的雨水排走。每逢降雨以后,要对鱼鳞坑内的土壤适时松土保墒。降大雨后,要及时对土埂进行检查和整修,鱼鳞坑内淤积的多余泥土,要及时进行清理,以便有效地蓄积雨水。

(五)秸秆覆盖

枣树生长期内,在树冠下或树盘内覆盖作物秸秆或杂草,覆盖厚度为15厘米左右。其上要用少许碎土压住,以防风刮和火灾。实施枣园覆盖,可减少土壤水分蒸发,防止水土流失,调节土壤温、湿度,改善土壤结构,抑制杂草生长,减少除草用工,增加土壤中腐生菌数量,促进矿质元素转化,提高土壤有机质含量,有利于提高枣树的产量,符合无公害栽培技术要求。树盘秸秆或杂草覆盖,投资少,效果好,方法简易,便于推广。

(六)地膜覆盖

在旱地枣园,春夏季对树行或树冠下土壤进行平整后,覆盖地膜,可减少土壤水分蒸发,保持土壤墒情。有关资料报道,春季覆盖地膜,土壤含水量比对照提高9.8%;夏季覆盖地膜,土壤含水量比对照提高3.1%。春季在树冠下覆盖地膜,还可阻止桃小食心虫、枣尺蠖和食芽象甲等多种在土壤中越冬害虫的出土,从而减轻其危害。

(七)中耕松土

在枣树生长季节,每逢灌水和降雨后,树冠下或树盘内都要及时进行中耕松土,深度为5~10厘米,以切断土壤毛细管,减少土壤水分蒸发,保持土壤墒情,增加土壤含水量,改善土壤通透性,提高土壤孔隙度。

第四节 枣树整形修剪

整形修剪,是枣树栽培管理的一项重要技术措施。是否进行整形修剪和整形修剪是否合理,对枣树的生长、结果、产量、质量、效益和植株寿命,都有很大的影响。有的枣区和枣农,不重视枣树的整形修剪,栽植枣树后任其自然生长,致使枣树树干高,成形慢,结果迟,枝条乱,产量低,质量差,树势弱,寿命短,管理不便,病虫害严重,生产效益不高。通过合理的整形修剪,使枣树形成牢固的树体骨架,培养良好的丰产树形,改善通风透光条件,调节树体营养,达到适龄结果,高产稳产,减轻病虫危害,提高枣果质量,便于树体管理,降低生产费用,延长盛果期和植株寿命,发挥枣树的生产能力,提高枣树的生产效益。

一、枣树整形修剪的原则

(一)因树修剪,随枝作形

枣树的品种、树龄、立地条件和管理水平不同,对枣树的生育有不同影响。在整形修剪时,要根据枣树原有的基础和生长情况,“因树修剪,随枝作形”,不要“死搬硬套,强求树形”。

(二)长短兼顾,轻重结合

枣树的结果早晚、产量高低、品质好坏和寿命长短,除与土肥水管理、病虫害防治等因素有关外,还同整形修剪合理与否也有很大关系。在整形修剪时要掌握"长短兼顾,轻重结合"的原则。既要考虑当前效益,采取相应的技术措施,使其提早结果,提早受益,又要考虑长远效益,在提早结果,早期丰产的前提下,培养良好的树体结构,为获取长远高产稳产、优质高效和延长盛果期与树体寿命,奠定良好基础。不能只为了眼前收益而采取不正确的技术措施,让枣树提早结果,影响枣树的正常生长发育。有的枣农,对干径还不到3厘米的2~3年生小树,就进行环剥,结果严重抑制了小树的正常生长和发育。对这种急功近利的做法,要加以防止和纠正,绝不要因小失大。

(三)均衡树势,主从分明

根据枣树的具体生长情况,采取相应的技术措施,进行适当的疏剪和短截,使同层次各类枝条均衡发展,防止树势过强或过弱、上强下弱、下强上弱和一边强一边弱等现象的出现。要明确枣树各类枝条之间的从属关系,使枣树骨干枝强于结果枝组,中央干强于主枝,主枝强于侧枝,同层次骨干枝生长势要基本平衡。枣树骨干枝出现上下、左右和前后生长势不平衡时,要采取相应技术措施及时进行调整。当辅养枝和主侧枝生长发生矛盾时,要让辅养枝给主侧枝让路。

二、枣树整形修剪的时期

(一)冬季修剪

冬季修剪,即休眠期间的修剪,在枣树落叶后至萌芽前均可进行。南方枣区,冬季气温和相对湿度较高,在休眠期内均可修剪。北方枣区,冬季寒冷多风,气候干燥,寒冬修剪剪口易干裂失水而影响伤口愈合和剪口芽的萌发,故宜在3月中旬至4月上旬枣树萌芽之前进行修剪。若修剪任务大,修剪时期可适当提前到3月初开始。冬剪时期也不宜过晚。萌芽后修剪,因萌芽已消耗了树体部分贮备营养,易明显削弱当年枣头生长势,修剪愈晚,削弱愈明显。因当年萌芽推迟,生长期缩短,生长量减少,生长势变弱,故整形阶段幼树不可采用。

(二)夏季修剪

夏季修剪,是指生长期间的修剪。北方枣区有两个修剪时期,第一次在4月下旬至5月上旬枣树萌芽期进行,修剪内容以疏枝和抹芽为主,将无用的枝条和萌芽及时疏剪、抹除,以节省树体营养,保持适当的枝叶量,适时调整树体各部分的生长。第二次在5月下旬至6月中旬枣头生长高峰过后至盛花期间进行。修剪内容以疏枝、摘心与开张枝条角度为主,以适时调整营养生长和生殖生长的关系,改善树体通风透光条件,提高坐果率,并可有效地控制树冠的高生长。

枣树修剪应以夏剪为主,冬剪为辅,冬剪和夏剪相结合。生产实践证明,夏剪比冬剪更重要。冬剪可一年不剪,但每年都要进行夏剪。通过夏剪,及时抹芽,除萌,摘心,开张角度,疏除无用枝条,可有效地调节树体营养,改善通风透光,提高光合效能,有利于幼树早成形,早结果,有利于提高大树的产量和质量,同时可减轻病虫害,减少冬季修剪量。

三、枣树整形修剪的方法

(一)疏　剪

疏剪,也叫疏枝。是将密挤枝、重叠枝、交叉枝、枯死枝、病虫枝和细弱枝等从基部疏除,以减少营养的消耗,改善通风透光条件。疏剪要求剪口平滑,不留残桩,以利于愈合。疏枝时细枝条用修枝剪,较粗的枝条则要用手锯,伤口较大时要涂抹油漆,以防止伤口龟裂失水而影响愈合。

(二)短　剪

短剪,也叫短截。是将一年生枣头和二次枝剪去一部分。为了促生分枝,培养树形,扩大树冠,剪口下 1 ~ 3 个二次枝同时留 1 厘米左右剪掉,以刺激二次枝基部主芽萌发枣头。如不剪掉二次枝,主芽一般不易萌发而转为隐芽,即所谓的一剪子堵,两剪子促。短截程度视枣头生长强弱而不同,一般剪去枣头的 1/3 左右。枣头如不进行短剪,则留枣头顶端主芽萌发形成单轴延伸,不利于树形的培养和树冠的扩大。

(三)回　缩

回缩,也叫缩剪。是把生长衰弱、冗长下垂、相互交叉和连接、辅养枝和结果枝组影响主侧枝生长的枝条,在适当部位短截回缩,以抬高角度,复壮树势。回缩用于老树更新。通过回缩,可调整枝龄和枝位,同时可控制树冠的大小。

(四)调整角度

对生长较直立、角度较小的幼树骨干枝,采用撑、拉、吊等方法,把骨干枝调整到适当的角度,以缓和树势,改善通风透光条件。骨干枝角度的大小,因品种而异。树姿较直立的品种,骨干枝的基角可调到 70°左右;树姿半开张的品种,骨干枝的基角可调到 60°左右;树姿较开张的品种,骨干枝的基角可调到 50°左右。调整骨干枝角度的方法,可从枣树定植后培养主枝时开始,对树姿较直立的品种,整形带二次枝留 1 ~ 3 节后剪截,利用同方向二次枝主芽萌生枣头,培养主枝,其角度则大于二次枝留 1 厘米短剪基部主芽萌生的枣头。此外,盛果期成龄大树,若结果的枝条下垂接近地面时,还要采取顶枝、吊枝的方法,抬高枝条的角度。吊枝时,在树冠中央立一根固定的支柱,用铁丝、草绳或塑料绳,把下垂的结果枝条,吊到适当的高度。

(五)促芽补空

对树冠不紧凑,枝量不多,空间较大的植株,可采取刻芽补空的措施。其方法是，在枝条光秃部位隐芽上方1厘米处，用刀刻伤，深达木质部，以刺激隐芽萌发，生长徒长性枣头，通过角度和方向调整，使其弥补缺枝空间。刻芽后萌生补空枝条，可根据缺枝部位空间的大小，把它培养成大、中、小型结果枝组，也可培养成骨干枝。进行刻芽补空的时期，以萌芽前后为宜。

(六)抹　芽

在枣树萌芽期或萌芽以后，对各类枝条上的萌芽，分别进行不同的处理。需要的留下，多余的及时抹除，以减少营养的无效消耗，促进植株的正常生育，改善树体的风光条件，减轻枣锈病的危害，有利于提高枣树的产量。

(七)摘　心

在枣树生长前期，把当年新生的枣头和二次枝的顶端摘掉一部分，称为摘心。对枣头和二次枝适时进行摘心，可有效地控制枣头的生长和密植枣园树冠的大小，有效地调节树体的营养分配，把枣头生长消耗的节余营养转向生殖生长，从而减少落花落果，增加坐果率，提高当年的产量和质量。同时，还可改善树体的通风透光条件，提高叶片的光能效率，增加叶片的光合产物，使幼树提早结果，早期丰产，达到以果压树的控冠效果。另外，还可减轻病害，如枣锈病、炭疽病等病害的发生，使枣树丰产丰收。枣头摘心程度的大小，视枣头生长部位和生长强弱而定。空间较大、生长较强的枣头，一般可留5～6个二次枝摘心；空间较小、生长势中庸的枣头，一般可留3～4个二次枝摘心；生长较弱的枣头可留2个二次枝摘心，或在二次枝以下留5～7厘米后强摘心，促使枣头基部枣吊转化成木质化或半木质化枣吊结果。对木质化和半木质化枣吊也要适时摘心。坐果过多时，还需进行疏果，以提高枣果质量。利用和培养木质化和半木质化枣吊结果，有的枣农把它作为密植枣园早果早丰产的一项主要技术措施，并取得较好的效果。北方枣区，枣头摘心时期一般在6月上旬初花期或盛花初期进行。此时枣头、枣吊尚未完全停止生长，开花坐果需要足够的营养。由于各器官物候期重叠，营养矛盾激烈，往往由于营养不足，导致严重落蕾、落花。这是枣树坐果率不高的内在原因之一。进行枣头摘心，可以避免或缓解这种情况的发生，有效地提高枣树的坐果率。

从表 8-4 中可以看出，进行枣头摘心，可有效地调节生长与结果的关系，所有试验品种，都能明显地提高坐果率，这是一项简而易行、行之有效的提高产量和品质的技术措施，这项技术已在全国大部枣区普及推广。

表 8-4 枣头摘心后提高坐果率的调查

品种	处理	枣头数（个）	枣吊数（个）	枣果数（个）	吊果率（%）	备注
相枣	摘心	5	104	93	89.42	1. 调查地点：山西省农业科学院园艺研究所枣品种园 2. 树龄：骏枣为 8 年生初结果幼树，其余品种为 13 年生树
	对照	5	115	17	14.78	
骏枣	摘心	5	508	105	20.67	
	对照	5	919	95	10.34	
圆铃枣	摘心	4	312	372	119.23	
	对照	3	158	99	62.66	
婆婆枣	摘心	3	321	490	152.65	
	对照	3	267	297	111.24	
水枣	摘心	5	413	448	108.48	
	对照	3	157	60	38.22	
郎家园枣	摘心	5	883	907	102.72	
	对照	3	147	96	65.31	
三变红	摘心	5	590	495	83.90	
	对照	5	116	34	29.31	
茶壶枣	摘心	5	108	234	216.67	
	对照	5	147	150	102.20	

(八)清除萌蘖

枣树树干基部的萌蘖，要及时清除，以免消耗树体的营养，影响植株的正常生长和结果，并给枣园地下管理带来不便。

四、枣树整形修剪的科学操作

(一)枣树的主要树形

20世纪70年代之前，我国不少枣区都没有整形修剪的习惯。枣树栽植后任其自然生长，栽后4~5年，还是一根打枣杆。小树成形慢，大树树形乱，放任生长的枣树多呈乱头形。有的枣区，虽然对枣树进行修剪，但是很粗放，而且不合理，只是每年清理一下树冠内膛的徒长枝，树冠内膛呈光秃状态，基本上没有结果枝组，结果部位主要在树冠的顶端和外围。因此，导致产量较低，质量较差，效益不佳。20世纪80年代初，国家林业部在河北沧州举办了全国枣树比较系统的技术培训会议，从此对枣树的整形修剪逐步引起了重视，枣树发展速度逐步加快。特别是进入20世纪90年代以来，枣树成为北方地区发展力度最大的经济林树种之一。各地栽植枣树，大都采取密植栽培模式，对密植栽培的适宜树形，有关科研、生产和教学单位，进行了广泛的研究。各地常见的枣树主要树形，有主干疏层形、小冠疏层形、自然开心形、二层开心形、自由纺锤形、圆锥形、单轴主干形和自然圆头形等。

1. 主干疏层形　这是密植枣树广泛采用的树形。这种树形的优点是树体骨架牢固，通风透光较好，树体负载量大，植株寿命长。主干疏层形树形，适宜干性较强的枣树品种采用。其树体结构是：干高50厘米左右，树高因行距大小而异。总的原则是树高小于行距。行距4米，树高小于3.5米；行距3米，树高不超过2.5米。主枝6~7个，分3~4层排列。第一层3个主枝，均匀伸向三个不同方向，层内距20~25厘米，主枝角度为50°~60°。第二层两个主枝，与第一层主枝插空分布。第一层、第二层主枝间的层间距为1米左右，层内距15厘米左右，主枝基角为45°~50°。第三层和第四层各留一个主枝。第二层、第三层主枝间的层间距为70厘米左右，第三层、第四层主枝间的层间距为50厘米左右，主枝基角为45°左右。第一层主枝上配备3个侧枝，其中一二侧枝为背斜侧，第三侧枝为平斜侧。第一侧枝距主干50厘米左右；第二侧枝在第一侧枝的反向，距第一侧枝30~40厘米；第三侧枝与第一侧枝同向，距第二侧枝40~50厘米。第二层主枝上配备两个侧枝，一般为平斜侧，左右排列。第一侧枝距主干45厘米左右，第二侧枝距第一侧枝30~40厘米。第三层主枝上配备一个侧枝，距主干40厘米左右。在第三层主枝以上，进行落头开心。这样，在正常管理的情况下，一般4~5年后枣树的树体骨架可基本形成。

2. 自然开心形 这种树形适宜干性较弱的枣树品种采用。其树体结构是：干高60厘米左右。树高因行距大小而异，具体高度可参照主干疏层形的树高原则进行确定。无中心主枝，在主干上选留三个生长势较均衡的主枝，分别向三个方向延伸，主枝角度为45°左右。层间距为25厘米左右。每个主枝上配备三个侧枝，其中第一、第三侧枝为同向，侧枝角度为60°~70°。第一侧枝距主干50厘米左右，第一、第二侧枝间距30~40厘米，第二、第三侧枝间距45厘米左右。在主侧枝上，根据空间大小，配备和培养不同大小的结果枝组。一般在主干和主枝上，以大型枝组为主，中型枝组为辅；侧枝上以中、小型枝组为主，一般不留大型枝组。自然开心形树形的主要优点是：树体较矮，树姿开张，管理方便，通风透光良好。

3. 小冠疏层形 这种树形适宜干性中强或较强的枣树品种采用。其树体结构是：干高50~55厘米，树高3米左右，主枝六个分三层排列。第一层三个主枝，主枝角度为55°左右，层内距为20~25厘米。第二层两个主枝，与第一层主枝错落分布，第一、第二层主枝间的层间距为1米左右，层内距为20厘米左右，主枝基角角度为50°左右。第三层留一个主枝。第二、第三层主枝间的层间距为70~80厘米,主枝基角为45°左右。第一层主枝上配备三个侧枝,其中第一侧枝距中央干50厘米,第一、第二侧枝呈反向,第一、第三侧枝为同向,第二侧枝距第一侧枝30~40厘米,第二、第三侧枝相距45厘米左右。第二层主枝上配备两个侧枝,左右排列。其第一侧枝距中央干45厘米左右,距第二侧枝30~40厘米,为背下斜侧。第三层主枝上配备一个侧枝,距中央干40厘米左右。全树共三层主枝。第三层主枝以上落头开心。在正常情况下,3~4年后可基本上形成树体骨架。小冠疏层形,树体较小,骨架牢靠,枝条紧凑,通风透光良好,适宜密植枣园采用。

4. 二层开心形 适宜密植枣园中干性中强的枣树品种采用。其树体结构是:干高50~60厘米,树高2.5米左右,全树五个主枝,分两层排列。第一层三个主枝,层内距为20~25厘米。第二层两个主枝,层内距为15厘米左右。两层间的层间距为1米左右。第二层主枝选定后,对中央干落头,树冠呈二层开心形。其主枝角度和侧枝配置基本同主干疏层形或小冠疏层形。在正常情况下,3年后树体骨架即可形成。这种树形,管理方便,通风透光好,骨架牢固,适宜鲜食品种的密植枣园采用。

5. 自由纺锤形 该树形适宜密植枣园中干性较强的枣树品种采用。其树体结构是:干高50厘米左右,树高2.5米左右,中心干较强,全树有小主枝10~12个,均匀分布在中心干上,伸向各方,无明显层次。主枝角度为60°~70°。根据空间大小,每个主枝上均匀配备2~3个中、小型结果枝组。在正常管理情况下,3~4年后树体骨架即可形成。这种树形的主要优点是:成形快,结果早,修剪量小,进入盛果期早,管理较方便。

6. 单轴主干形 这种树形适宜干性较强的枣树品种采用。其树体结构为:干高50厘米左右,树高2~2.5米,中心干较强,在中心干上直接着生结果枝组,没有主侧枝。全树有8~9个枝组,均匀分布在中心干上。下部枝组稍大于中部枝组,枝组上一般留7~8个二次枝。中部枝组稍大于上部枝组,枝组上留6~7个二次枝。上部枝组留5~6个二次枝。在正常管理情况下,3~4年后可培养成形,成形后的树冠,呈单轴主干形或圆柱、圆锥形。这种树形适宜密植枣园干性和发枝力较强的枣树品种采用。其主要优点是:成形快,结果早,管理方便,鲜食品种便于人工无伤采收,通风透光好。

7. 低矮单轴形 该树形适宜矮密栽培的鲜食品种枣园采用。其树体结构是:干高40~50厘米,树高1.5米,由枣头单轴延伸而成。在中心干上,均匀着生12~15个二次枝,每个二次枝留6~7节。这种树形在正常管理情况下,3年即可成形。其主要优点是成形快。

8. 自然圆头形 其树体结构是:干高50~60厘米,树高4米左右,主枝5~6个,在主干上错落排列,每主枝配置2~3个侧枝。在主、侧枝上,根据空间大小,配置大、中、小型结果枝组,一般4~5年形成树体骨架。成形后,树冠呈自然圆头形。这种树形,骨架较牢固,树冠较紧凑,适宜干性中强的中密度制干或兼用品种的枣园采用。

(二)幼树定干整形

1. 定干 定干高度因品种、栽培方式、生态环境、管理水平等而异。干性较强、树姿较直立的品种,定干宜低。其定干高度,一般平原枣树为55厘米左右,丘陵山区枣树为45厘米左右。干性中强或较弱、树姿较开张的品种,定干宜稍高。其定干高度,一般平原枣树为60厘米,丘陵山区枣树为50厘米左右。枣粮间作、“四旁”和庭院栽植枣树,定干宜高。具体说,干性较强、树姿较直立的品种,定干高度为80~90厘米;干性中强或较弱,树姿较开张的品种,定干高度为1~1.2米。密植枣园,干性较强,树姿较直立的品种,定干高度为50厘米左右;干性中强或较弱,树姿较开张的品种，定干高度为60厘米左右。在品种、栽培方式和生态环境相同或相近的情况下，管理水平较好的枣树，其定干宜稍高。

2. 整形（以主干疏层形为例） 选用壮苗，采取清干、刻芽和套袋的方法，当年整形带内可萌生4～5个生长较强的枣头。第二年春季萌芽前冬剪时，剪口下第一个生长较强的枣头，留1米左右长后短剪作中心干延长枝。以下选三个生长较均衡的枣头留60厘米长后短剪，培养第一层主枝，剪口下同时剪掉三个二次枝，以萌生新枣头。选留的主枝，采用撑、拉、吊等方法，调整好方位和角度。夏季，中心枝生长1米左右，主枝延长枝生长60厘米以上时，摘心，使枣头生长充实。第三年春季冬剪时，中心干留上部枣头作延长枝，下部选留两个与第一层主枝交错生长的枣头，培养第二层主枝。其余的枣头，视空间情况，疏除或留作辅养枝和结果枝组。第一层主枝上部的枣头，留作延长枝；下部的枣头选留第一侧枝和培养结果枝组。中心干枣头留80厘米长左右，主枝延长枝枣头留55厘米长左右后，进行短剪。剪口下，同时疏掉2～3个二次枝，促生新枣头，培养第三层主枝，和第一层主枝的第二侧枝，第二层主枝的第一侧枝。夏季，中心枝枣头长到80厘米左右长，第一层、第二层主枝延长枣头长到50～60厘米长时，进行摘心，以使枣头生长充实。同时，要注意培养结果枝组。第四年春季进行冬剪时，选留第三层主枝、第一层主枝第三侧枝、第二层主枝第二侧枝，并注意培养结果枝组。第五年春季进行冬剪时，选留第四层主枝和第三层主枝侧枝，中心干落头，并采用疏、截、回缩和摘心等方法，培养结果枝组。至此，主干疏层形幼树整形，便基本完成。

（三）大树修剪

枣树树体骨架形成后，逐步进入大量结果期。枣树盛果期很长，一般为60～80年。如生态条件和管理水平较好，盛果期可长达百年以上。成龄结果大树的修剪，主要是调节营养生长和生殖生长的关系，改善通风透光条件，培养结果枝组，保持正常的树势，尽量延长盛果期年限，以获得较好的生产效益。

1. 平衡树势 进入盛果初期的枣树，营养生长往往较强，不同部位骨干枝之间，骨干枝和辅养枝之间，常出现生长势不平衡的现象。因此，根据各部位骨干枝和辅养枝的具体生长情况，通过疏枝、短截、回缩、开张角度、环剥和环割等多种方法，调节其生长势，保持中心干强于主枝，主枝强于侧枝，侧枝强于结果枝组，骨干枝强于辅养枝的从属关系。同层骨干枝，要基本保持在等高的水平线上。辅养枝和骨干枝生长发生矛盾时，辅养枝要给骨干枝让路，主从关系要分明，树势要保持平衡。

2. 疏除无用枝 枣树进入结果期后，树冠逐年扩大，结果逐年增多，树势逐渐稳定。结果大树的修剪，应以疏剪为主，对密挤枝、重叠枝、交叉枝、枯死枝、病虫枝、细弱枝和无用徒长枝等，及时疏除，以减少树体营养的无效消耗，改善通风透光条件，提高光合效能，促进植株正常生长和结果。

3. 培养和更新结果枝组 枣树各级骨干枝和辅养枝上萌生的枣头，根据空间大小，采用短截、摘心、回缩和刻芽补空等方法，培养成不同大小的结果枝组。大型结果枝组，主要分布在树冠中、下部骨干枝和辅养枝两侧空间较大的部位，中、小结果枝组多分布在树冠中、上部骨干枝上。在骨干枝上部，只留中、小结果枝组，以小型枝组为主，以利于通风透光。枣树的结实能力，除与生态条件、管理水平等因素有关外，还与枝龄有关，枝龄不同，结实能力差异很大。枣股是枣树的结果母枝，寿命一般达 10 年以上，有的长达 20 年以上。据观察，大部分品种枣股以 2～3 年生坐果率高，结实力强，4 年生以上枣股结实力明显下降。当年生枣头，适时进行摘心，可明显提高坐果率和枣果的品质。因此，结果枝组要合理进行更新，通过更新，使结实力强的枝条保持一定的比例。

4. 放任树的修剪 有些地方，有不少枣树从未进行过修剪，任其自然生长，而且栽植也不规范，在一片枣园内，树龄不一，树相不齐，导致植株密挤，大枝过多，主从不分，没有树形，树冠紊乱，枝条过密，生长细弱，通风透光不良，结果稀少，产量低下，质量较差，病虫害严重，经济效益不高。放任树的修剪，应掌握因树而宜的修剪原则。不能强求树形，大拉大砍。而要根据植株生长情况，分期分批地疏除过密大枝，对直立枝开张角度，对冗长枝适度回缩，对密挤枝、交叉枝、重叠枝、枯死枝、细弱枝和病虫枝等枝条，从基部疏剪，以改善通风透光条件。所留枝条，应根据空间大小，采取短截和刻芽的方法，以刺激隐芽萌发，逐步培养新的树形和结果枝组。夏剪时，及时进行抹芽和枣头摘心，以减少营养的消耗，逐渐恢复树势，提高产量和质量。对过密的植株，要适当进行间伐。

(四)老树更新

枣树的主芽，大部分不萌发而变成隐芽。隐芽的寿命很长，受到刺激易萌生枣头。这是枣树长寿和更新复壮的生物学基础。

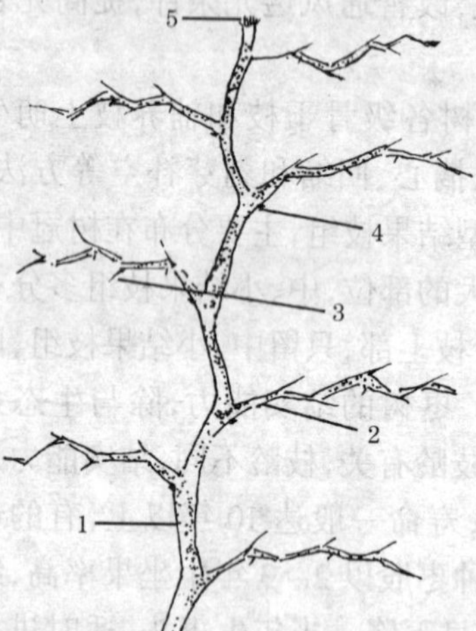

图 8-1　枣头形态

1. 一次枝　2. 二次枝　3. 针刺　4. 主芽　5. 顶端主芽

枣树的枝条，分为枣头(图 8-1)、枣股(图 8-2)和枣吊(图 8-3)三种。枣头是扩大树冠的发育枝，枣股是短缩性的结果母枝，枣吊是脱落性的结果枝。枣股寿命一般为 10 ~ 15 年，最长的可达 20 年以上。枣吊主要着生在枣股上，它的结果能力除与品种、管理条件等因子有关外，与枣股的寿命关系也很大。据观察，1 ~ 3 年生枝，处于树冠外围，光照较充足，枝条生理机能旺盛，结果能力强。

4年生以上枣股,生理功能有所减退,结实能力下降,枣股老化是影响枣树产量的内在因素。

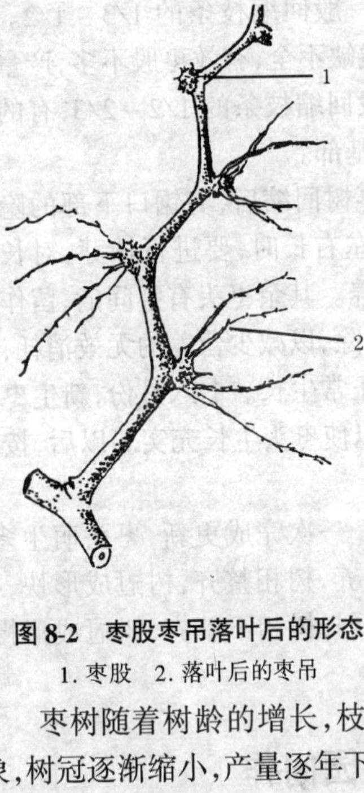

图 8-2　枣股枣吊落叶后的形态

1. 枣股　2. 落叶后的枣吊

图 8-3　枣吊生长期形态

枣树随着树龄的增长,枝条逐渐老化,部分枝条出现枯死现象,树冠逐渐缩小,产量逐年下降。有些老枣树,枝条大量死亡,树冠残缺不全,有效枣股很少,产量很少,效益低下。依据枣树生物学特性,对老枣树进行更新复壮,刺激隐芽萌生新的枣头,选留长势强、方位好的枣头,把它培养成新的树冠,可显著提高结实力。一般更新后3~5年,即可获得较高的产量。如果加强土壤肥水管理,丰产效果更加明显。老枣树的更新修剪方法如下:

1. 适度回缩骨干枝和辅养枝　枣树萌芽前,根据树势情况,对骨干枝和辅养枝进行不同程度的回缩。对树势开始转弱,部分枝条出现枯死,有效枣股减少,产量明显下降的老枣树,进行轻度更新,一般回缩枝条的1/4~1/3。对它的结果枝组,也同时进行回缩。剪锯口要及时涂抹油漆,以防止蒸发失水和伤口龟裂。树势明显衰弱,上部枝条大量枯死,有效枣股大量减少,产量大幅度下降的老枣树,需进行中度回缩,一般回缩枝条的1/3~1/2。树势极度衰弱,枝条大量死亡,树冠残缺不全,有效枣股不多,产量很少的老枣树,需进行重度更新,一般回缩枝条的1/2~2/3,有的可进行极重度更新,回缩到骨干枝的基部。

2. 选留和培养新生枣头 老枣树回缩后,剪锯口下部的隐芽萌生很多枣头。枣头长到10厘米左右长时,要进行抹芽,对长势和方位好的枣头,留下作骨干枝培养。其余枣头有空间的,留作辅养枝和结果枝组;无用的,要及时抹除,以减少营养的无效消耗,改善通风透光条件,促进所留枣头的正常生长。七八月份,新生枣头长到80厘米左右长时,进行摘心,以使枣头生长充实。以后,按正常要求进行修剪。

老枣树更新,以一次完成为好。一次完成更新,枣头萌生多,利于骨干枝和结果枝组的选留与培养,树相整齐,树冠成形快,投产早。分次更新,枣头萌生少,生长弱,树相不整齐,树冠成形慢,产量恢复也晚。

第五节 枣园间作

一、枣园间作的意义和生物学基础

枣园间作是一种立体种植模式。采用这一模式,可提高土地利用率,更好地发挥土地的生产潜力,取得较好的经济效益。枣树枝条稀(结果枝为脱落性枝),叶片小,自然通风透光好,休眠期长,生长期短,与间作物生长期交错分布,共生期较短,二者肥、水和光照需求矛盾较小。枣园间作,地上部形成林网,地面形成覆盖层,可降低风速，减轻风害，减少蒸发，提高土壤含水量和有机质含量；增加土壤蚯蚓数量，改善土壤结构，提高土壤肥力；减少土壤雨水冲刷，调节果园土壤温、湿度，为枣树和间作物的生长发育创造有利条件，从而提高枣园的经济效益。

二、枣园间作的模式

(一)以粮为主，以枣为辅的间作模式

这种模式可长期间作，适宜土地资源较丰富的平原粮、棉区采用。株行距因品种而异，树冠较小的鲜食和兼用品种，株行距为3米×10~15米，每667平方米栽17~22株；树冠中大或较大的兼用或制干品种，株行距为4米×15~20米，每667平方米栽8~11株。

(二)以枣为主的间作模式

这种模式可短期间作，适宜土地资源较少的平原地区采用。树冠较小的鲜食和兼用品种，其栽培时的株行距为3米×4~5米，每667平方米栽44~55株；树冠中大或较大的兼用或制干品种，其栽培时的株行距为4米×6~7米，每667平方米栽24~28株。

(三)枣与间作物并重的间作模式

这种模式可长期或较长时期地进行间作，适宜土地资源中等的平原和丘陵山区采用。树冠较小的品种，其栽培时的株行距为4米×5~6米，每667平方米栽28~33株；树冠中大或较大的品种，其栽培时的株行距为4米×7~8米，每667平方米栽21~24株。丘陵山区梯田，也可采取梯田外缘栽树、里面间作的模式，但枣树要栽在距外缘边1~1.2米处，不能栽得太靠边。

三、枣园间作物的选择原则

枣园间作物，宜选择株型较矮，根系较浅，生育期较短，与枣树

生长期交错期较长，不相互交叉感染病虫害，较耐旱、耐阴与耐瘠薄的豆类、小麦、瓜类、薯类、蔬菜、药材和绿肥作物，不宜间作高粱、玉米、大麻、蓖麻和向日葵等高秆作物与秋菜、苜蓿及易寄生枣疯病的芝麻等。也可在枣树行间间作苹果、梨、桃和葡萄等经济林苗木，采取以圃养园、以苗养树、以短养长、长短结合的措施。不论间作何种作物，树行内都要留出1～2米宽的营养保护带，以便进行枣园管理和防止机耕损伤枣树。在行距15～20米的平地枣园，树冠外围的行间，靠树冠间作矮秆作物，中间也可间作玉米等高秆作物。

四、适合枣园间作的主要作物

（一）枣园间作小麦

枣园间作小麦，是山西中南部平地枣区广泛采用的一种传统间作模式。枣树和小麦共生期较短，二者生长期交错期较长，小麦返青拔节时枣树还未发芽，枣树盛花期小麦已快成熟，枣果的整个生长期，正是小麦的休闲期，二者对肥、水和光照需求的矛盾较小。枣园间作小麦，还可减轻干热风危害，使小麦籽粒饱满，一般千粒重提高2.5～2.8克，每667平方米增产30～35千克。据山西省太谷县林业局试验，该县北洸乡南张村有66公顷水地的10年生壶瓶枣，株行距为4米×8米，667平方米栽21株，树行内留1米宽营养保护带，行间间作小麦，每667平方米产鲜枣550千克，产小麦300千克。鲜枣每千克售价4元，小麦每千克售价1.2元，每667平方米的产值为2 560元。在纯麦田中，每667平方米产小麦400千克，产值为480元。枣麦间作的产值是纯麦田的5.3倍。据山西省稷山县林业局姚产明同志调查资料，该县板枣区7年生板枣枣麦间作旱地，每667平方米产干枣132.5千克，小麦141千克，按干枣每千克5元，小麦每千克1.2元计，产值为830元，扣除投资130元，纯利润为700元。纯麦田每667平方米产小麦171千克，产值为 205.2 元，扣除投资 100 元，纯效益为 105.8 元。枣麦间作的经济效益是纯麦田的 6.6 倍。水地枣麦间作，每 667 平方米产干枣 213.6 千克，产小麦 203.7 千克，以每千克干枣 5 元，每千克小麦 1.2 元计，产值为 1 312.4 元，扣除投资 190 元，纯效益为 1 122.4元。纯麦地每 667 平方米产小麦 262.5 千克，每千克以 1.2 元计，产值为 315 元，扣除投资 100 元，纯效益为 215 元。枣麦间作的效益是纯麦田的 5 倍多(注:劳力投资未计算)。

(二)枣园间作豆类

枣园间作豆类，包括黄豆、黑豆、绿豆、红小豆和小豆等，是北方丘陵山区枣园普遍采用的一种间作方式。豆类作物植株较矮，生长期较短，根系较浅，根瘤发达，有利于改良土壤结构，提高土壤肥力。以枣园间作黄豆为例，盛果期水地枣树，每 667 平方米管理较好的枣园，一般可产鲜枣 500 千克，产黄豆 100 千克，按鲜枣每千克 4 元，黄豆每千克 2 元计算，每 667 平方米产值为 2 200 元，扣除投资 400 元(劳力投资未算)，纯效益为 1 800 元。纯黄豆地每 667 平方米可产黄豆 200 千克，产值为 400 元，扣除投资 100 元，纯效益为 300 元。枣园间作黄豆的经济效益，是纯黄豆地效益的 6 倍。旱地枣园间作黄豆，一般每 667 平方米可产鲜枣 250 千克，产黄豆 50 千克，产值为 1 100 元，投资 200 元，纯经济效益 900 元。纯黄豆地可产黄豆 100 千克，产值 200 元，扣除投资 60 元，纯经济效益为 140 元。枣树与黄豆间作的经济效益，是纯黄豆地效益的 6 倍以上。

(三)枣园间作花生

花生植株矮小，根系浅，是沙土地枣园最适宜的间作物之一。陕西大荔、河南新郑等地的黄河故道沙地枣园，历史上枣农选用花生作枣园的主要间作物。水地枣园间作花生，选用优良品种，在中等管理条件下，一般每 667 平方米可产鲜枣 500 千克，花生 150 千克，按每千克鲜枣 4 元，每千克花生 2.5 元计，产值为 2 375 元，扣除投资约450元,纯效益为1 925元。纯花生地,每667平方米可产花生250千克,产值为625元,扣除投资150元,纯效益为475元。枣园间作花生的经济效益,是纯花生地效益的4倍以上。

（四）枣园间作棉花

枣棉间作,是棉区枣农普遍用的间作模式之一。在正常管理情况下,一般枣树占地1/3,棉花占地2/3。平原水地盛果期枣树,每667平方米可产鲜枣500千克,产棉花（皮棉）100千克,按鲜枣每千克4元,棉花每千克9元计算,产值为2 900元,扣除投资约600元,纯效益为2 300元。纯棉田每667平方米可产皮棉150千克,产值为1 350元,扣除投资350元,纯效益为1 000元。枣棉间作的经济效益为纯棉田效益的2.3倍。要获取枣棉双丰收,应加强枣树和棉花的管理,满足枣树和棉花对肥水的需求,并要选用株型较矮,生育期较短的早熟棉花品种,同时要注意对棉铃虫的防治。

（五）枣园间作绿肥

1. 间作百脉根　百脉根又名五叶草、乌趾豆、牛角花。它原产于欧亚两洲的湿润地带。目前,欧洲、南北美洲、澳大利亚、印度及新西兰等地,都有大面积栽培。百脉根抗逆性强,适应性广,我国大部地区都适宜栽培。

百脉根为豆科百脉根属多年生草本植物,利用年限为6～10年。直根较粗壮,侧根、须根发达,主要分布在0～25厘米深的土层中。细根和须根上布满根瘤。根瘤球形,粉红色,单生或并生。茎圆形中空,无毛。丛生,无明显主茎,呈半匍匐形,长50～100厘米,茎叶上下重叠,纵横交叉,形成稠密覆盖层。叶片小,卵形,全缘,对生,平均叶长1厘米,宽0.6厘米,叶面光滑,叶背有短白毛,叶色嫩绿。伞形花序,花小,花量多,黄色,花期3个多月。自开花至种荚成熟需30多天。种荚成熟不一致,需分期采收。种荚长圆形,每荚有种子10～15粒。种子小,圆形,黑褐色,较饱满,有光泽，千粒重1~1.2克，每千克种子为80万~100万粒。种子成熟后，易自然脱落。

百脉根茎叶柔软，营养丰富，既是绿肥，又是饲草。据分析，1年生花期茎叶干物质，含粗蛋白18.98%，五氧化二磷（P_2O_5）0.198%，氧化钾（K_2O）1.44%，粗脂肪4.4%，粗纤维28.4%，粗灰分5.6%。百脉根的青草期为8个月左右，每667平方米年产青草1500千克左右，按每头牛年需饲草5000千克，每只羊需饲草1250千克计，每公顷百脉根可饲养4.5头牛或18只羊。所饲养的牛或羊，除牛、羊自身的效益外，其粪便还可为枣树提供有机肥。

枣园间作百脉根，在地面能形成绿色覆盖层，可有效地接纳雨水，防止水土流失，调节枣园土壤温度和湿度，改善枣园生态环境，提高土壤含水量和有机质含量，改善土壤结构，提高土壤肥力，为生产无公害枣果创造良好条件。

百脉根的种子很小，播种前要精细整地。南方地区气温高，春、夏、秋三季均可播种。北方地区气温较低，以春播为宜，发芽温度需15℃以上。播种方法以条播为好，行距为40~50厘米，播深为1~2厘米，每667平方米的播种量为0.6~0.8千克。出苗后幼苗生长慢，要加强苗期管理，严防草荒。如不收获种子，可一年刈割2~3次，刈割时留茬10厘米左右。夏季遇干旱，要进行灌水。7~8月份种子成熟后，要分期进行人工采收。

2. 间作扁茎黄芪 扁茎黄芪，又名蔓黄芪、沙苑子。系豆科黄芪属多年生草本植物。1980年，山西农业科学院果树研究所绿肥课题组，将它从野生杂草中选出，目前已在省内晋中、吕梁、运城等地区和河北、辽宁、吉林、内蒙、甘肃、北京等省（市、自治区）引种栽培。

扁茎黄芪生长寿命为5年左右，播种苗当年即可开花结实。根系发达，主根粗壮，不产生不定根。茎为扁圆形，分枝匍匐状，与野生杂草蒺藜相似。第二、第三年枝叶繁茂、互相重叠，覆盖层加厚,覆盖面扩大,单株覆盖面积一般达2平方米,个别的可达4平方米。在覆盖层下面,叶子陆续脱落腐烂,地面经常保持湿润、温凉和疏松,似土壤的活被子,是现有绿肥中覆盖度最好的品种之一。总状花序,花小,蓝色,荚果扁平状,成熟后为黑色。

扁茎黄芪在山西中部4月中旬萌芽,春季生长缓慢,夏天雨季来临后生长迅速。由于地面形成覆盖层,避免了阳光直射和雨水冲击,降低了地温,减少了地面径流,防止了水土流失,对丘陵山区枣园水土保持,具有良好效应。同时,也可明显地提高土壤有机质含量,增加土壤中蚯蚓和腐生菌数量,改善土壤结构,提高土壤肥力,抑制杂草生长,节省除草用工。

扁茎黄芪耐阴,耐旱,耐瘠薄,耐踩压,抗逆性强,适应性广,在荒山、荒坡和荒滩都能生长,同时抗病虫害能力较强,很少发生病虫危害。扁茎黄芪产草量中等,如果不收种子,一年可刈割两次。第一次在7月份刈割,每667平方米可产青草2000千克左右。第二次在9月份刈割,每667平方米可产青草700千克左右。扁茎黄芪营养丰富,茎叶无毒、无异味,可作牛、羊与兔等家畜的饲草。

扁茎黄芪在年均气温10℃左右地区,7~8月份开花结荚,9月中下旬种子陆续成熟,1年生每667平方米可产籽50千克左右,2年生后可产籽100~120千克。种子正名叫沙苑子,是一种重要药材,具有养肝、补肾和明目的功效。

扁茎黄芪种子小,一般采用条播。播前要施基肥、整地,行距为40~50厘米。播深2厘米左右,每667平方米播种量为1千克左右,播后要铺地膜。在北方枣区,水地宜春播。旱地春播,土壤干旱,不易出苗,故宜在夏季降雨后播种。幼苗出土后,蹲苗期较长,约需1个多月,要注意苗期管理,适时中耕除草,遇干旱时要进行浇水。

3. 间作白三叶 白三叶,又名荷兰翘摇、白车轴草。原产于欧洲,为世界上分布最广的一种多年生豆科牧草,也是国外果园主要生草品种之一。在我国南方各省(市、区)栽培较多。

白三叶为豆科三叶属多年生草本植物,生长年限为 7~8 年。主根短,侧根和须根发达。其根系主要分布于 15 厘米之内的土层中,根上着生有许多根瘤。主茎短,分枝多,匍匐生长,长 30~60 厘米,圆形实心,细软光滑,茎节易生根,长出新的匍匐茎向四周蔓延,形成密集草层覆盖地面。草高 30~40 厘米。三出复叶,叶小,倒卵形,叶缘锯齿细,叶面和叶背光滑,叶柄细长。总状花序,花小,白色或粉色,花柄长 25 厘米左右。荚果小而细长,每荚有种子 3~4 粒,种子心脏形,黄色或棕黄色,千粒重 0.5~0.7 克。白三叶喜暖湿气候,适宜气温较高、年降水量 500 毫米以上的地区栽培。

白三叶根系集中分布在地表下 15 厘米深的土层内。枣树吸收根主要分布在地下 15~60 厘米土层内。二者的根系分布层基本错开,减少了对肥水的争夺矛盾。白三叶在地面能形成良好的覆盖层,有效地抑制杂草的生长,改善枣园生态环境和土壤的理化性状,减少地面径流,防止水土流失,提高土壤的含水量和有机质、氮、磷、钾主要营养成分的含量。据河南济宁县林果办张永朝同志试验,8 月中旬测定土壤含水量,生草区 0~20 厘米土层内平均含水量比清耕区提高 6.77%~15.22%,有机质含量提高 33.3%~35.6%;20~40 厘米土层的含水量,生草区比清耕区提高 18.43%~35.77%,有机质含量提高 11.6%~13.9%。

白三叶种子很小,出苗后幼苗生长弱,根系入土浅,要精细整地,施入底肥。播种方法,以条播为宜,行距 30 厘米左右,播深 1 厘米左右,每 667 平方米的播种量为 0.7~1 千克。播种时期,南方地区春播和秋播均可;北方地区,以春播为宜。幼苗期间要加强管理,适时中耕除草,防止土壤干旱,适时进行浇水。在南方地区,播种当年可进行刈割;在北方地区,一般第二年刈割,一年刈割2~3 次,刈割留茬高 10 厘米左右。一般每 667 平方米可产鲜草 2 500~3 000 千克。鲜草既可作枣园绿肥,也是家畜很好的饲料。

(六)枣园间作蔬菜

在水地枣园的枣树幼龄期间,枣树行间可间作蔬菜,以提高枣园前期的土地利用率和经济效益。其蔬菜种类,可选择菠菜、韭菜、大蒜、小葱、洋葱、油菜、水萝卜、芫荽、地豆角和辣椒等,不宜间作大白菜、芥菜、白萝卜和胡萝卜晚秋收获的蔬菜。其中以大蒜、小葱、水萝卜、地豆角和菠菜等春、夏季收获的蔬菜为宜。这些蔬菜,株型矮,根系浅,生长期短,与枣树共生期较短。二者对肥、水、光照需求的矛盾较小,对枣树生长、结果影响不大,而且通过对蔬菜的肥水管理,有利于枣树的生长和结果。

以枣园间作大蒜为例,幼龄枣园行间间作大蒜是一种比较好的间作模式,既不影响枣树的生长,而且所种大蒜又有较高的收入,一般每667平方米可产大蒜2万多头,重1000千克左右,按每千克大蒜2.5元计,产值为2500多元,扣除种子、肥、水和用工等投资700元,纯收入为1800元,大蒜间作面积按75%计,每667平方米幼龄枣园可增加收入1200元。密植枣园,一般可间作3~4年。大蒜种植时期有的在秋季9月中下旬,有的在早春3月上旬。播前进行整地、施底肥,一般每667平方米施有机肥5000千克,磷肥100千克。采用开沟条种,栽种深度为5厘米左右,每667平方米沟内施复合肥15千克作种肥。栽种后及时浇水,铺地膜。在大蒜生长期间,要注意浇水。枣园间作大蒜,要注意防治地下害虫金龟子幼虫的危害。

(七)枣园间作薯类

在枣树行间,可间作马铃薯和红薯等薯类作物。以生长期较短、夏季即可收获的夏马铃薯品种为宜,一般每667平方米可产1500千克左右。按每千克0.6元计,其产值为900元,扣除种子、肥、水与用工等投资约200元,纯收入700元。间作物占地按75%计,每667平方米枣园可增加纯收入525元。枣园间作早熟夏马铃薯,马铃薯收获后,正值枣果发育期,故对枣树生长和结果影响不大。枣园间作红薯，红薯块根分布浅，对枣树根系生长基本没有影响。但红薯茎叶发达，匍匐生长，会给捡拾枣果带来不便。故应在枣果采收前收获，或先把薯蔓割去。枣园间作红薯，一般每667平方米可产红薯2 000千克，按每千克0.6元计，产值为1 200元，扣除各项投资300元，纯收入900元。间作面积按75%计，每667平方米枣园的间作红薯，可增加收入675元。薯蔓还可作家畜饲料。枣园间作薯类时薯类收获用镢头深刨，等于对枣园进行了一次深耕。

（八）枣园间作瓜类

水地枣园的幼龄枣树行间，可间作西瓜、甜瓜和南瓜等瓜类作物。枣园间作西瓜，一般株行距为0.3米×3米，按75%间作面积计算，每667平方米枣园，可栽种西瓜556株，如果每株结1个瓜，每个瓜平均以5千克计，则每667平方米枣园可产西瓜2 780千克，每千克以0.4元计，则产值为1 112元，扣除种子、肥料、水电、地膜和用工等项投资约300元，每667平方米枣园间作西瓜可增收812元。

枣园间作西瓜，西瓜品种应选择早熟、优质、丰产类型，以缩短和枣树的共生期。间作西瓜，应注意不能重茬和防止枯萎病等造成的死苗现象。播种前，要精细整地，施足底肥。一般每667平方米施腐熟农家肥5 000千克。在年均气温10℃左右的地区，一般于4月上旬清明节前后播种，播前对种子要进行催芽，播后要及时覆盖地膜，出苗后要及时破膜放苗。为加快早期幼苗生育和预防晚霜冻害，可进行小拱棚栽培。发现缺苗要及时进行补栽。在瓜蔓生长期，要适时进行整枝、压蔓、追肥、浇水、叶面喷肥和病虫害防治等工作。西瓜的园田管理技术，与一般瓜田相同。为了保证坐瓜和提高西瓜的品质，一般不施用或尽量少用化肥。在开花期和西瓜成熟期，要控制浇水。

枣园间作甜瓜，一般株行距为30厘米×40厘米，间作面积按

75%计，每667平方米枣园可留苗2 778株，每株结瓜以0.5千克计，可产甜瓜1 389千克。每千克甜瓜按0.8元计，产值为1 111元，扣除各项投资约300元，每667平方米枣园间作甜瓜后可增收800余元。播前整地和施基肥，可参照西瓜间作方法进行。瓜田管理技术，与一般瓜田管理相同。为保证坐瓜，花期要控制浇水。为提高品质，尽量不施用化肥。成熟期间，要控制浇水。甜瓜植株矮，根系浅，与枣树间的肥、水、光照矛盾小。通过对甜瓜的肥、水管理，有利于枣树的生长和结果。水地幼龄枣园间作甜瓜，是最好的间作模式之一。

（九）枣园间作经济林苗木

水地枣园的幼树期间，在枣树行间，可间作苹果、梨、山楂、桃、杏、李、葡萄、柿、核桃和花椒等多种经济林苗木，采取以圃养园，以苗养树，以短养长，长短结合的措施，以提高枣园前期的土地利用率和经济效益。

枣园行间扦插葡萄条，当年即可出圃，按扦插条占地75%计，一般每667平方米枣园行间可扦插5 100余条(株行距为9厘米×15厘米)，可出成苗4 500株，每株成苗按0.75元计算，产值为3 000元，扣除种条、地膜、肥料、水电、用工和农药等项投资800元(选用优种插条)，纯收入2 200元。扦插前，要进行整地、施基肥和铺地膜，采用单芽或双芽插条，插条上部芽眼以上留1厘米左右平剪，下部剪成斜面。为提高扦插成活率，下部剪口可用ABT 1号生根粉50倍液进行浸泡处理。苗木生长期要进行追肥、浇水、叶面喷肥和防治病虫害等管理工作。苗木生长至30厘米左右长时，要进行摘心，以使苗木生长充实。

枣园行间可播种酸枣种子，培育酸枣实生苗。播种前，要进行整地、施基肥、浇水、做畦和种子浸泡处理，开沟条播，行距为40厘米，播深为1厘米左右。人工点播，株距为6厘米左右，每667平方米播酸枣仁2千克左右。播后及时铺地膜，出苗后及时破膜放苗。苗木生长5厘米左右长时进行间苗,10厘米左右长时定苗,株距12厘米左右。育苗面积按75%计,每667平方米枣园可培育酸枣砧木苗3 472株。第二年春季进行嫁接,砧木嫁接率按90%计,可嫁接3 125株嫁接苗;嫁接成活率按90%计,可成活嫁接苗2 812株。如果合格苗木按90%计,每667平方米枣园可出合格枣苗2 531株。优种苗木每株按1.8元计,每667平方米的产值为4 556元,扣除种子、肥料、水电、药剂、地膜、接穗和用工等投资1 500元,纯收入为3 056元。酸枣嫁接育苗2年1个周期,每年平均纯收入为1 528元。枣园间作枣苗,一般可间作4年,培育两次成苗。

枣园间作物除以上所述的以外,有的枣区还间作草莓和黄芪、地黄、党参、板蓝根、甘草、金银花、白菊花、枸杞等多种中药材。还有些地区间作绿化苗木。

第六节　枣树的促花促果技术

枣树花芽当年分化,多次分化,花量多,花期长。枣树开花期,枝叶生长,花芽分化,开花坐果,物候期重叠,各器官营养竞争激烈,导致严重落蕾、落花。这是造成枣树坐果率不高的内在原因。一般大果型品种自然坐果率仅0.5%左右,小果型品种自然坐果率也仅1%左右。根据各枣区的实践经验,采取以下措施,可有效地调节花期营养矛盾,明显地提高坐果率。

一、枣头摘心

枣头摘心,有的枣区叫"打枣尖"。在枣树始花期,对当年萌生的枣头和枣头上的二次枝,进行不同程度的摘心,可有效地控制营养生长,调节树体营养分配,使摘除枣头所消耗的营养转移到开花坐果上,从而可减轻落蕾、落花和落果,明显地提高坐果率。据河北赞皇县林业局试验，在赞皇大枣始花期或初花期，进行不同程度的摘心，可明显提高坐果率，摘心轻重因具体情况而异，空间大的轻摘心，空间小的重摘心(表8-5)。

表8-5 赞皇大枣枣头摘心后坐果情况的调查

处理	调查吊数(个)	坐果数(个)	吊果率(%)	备注
枣头留5厘米摘心	100	210	210	
枣头留1个二次枝摘心	180	198	110	
枣头留2个二次枝摘心	210	178	84.76	
枣头留3个二次枝摘心	260	213	81.92	
枣头留4个二次枝摘心	320	214	66.88	
枣头留5个二次枝摘心	410	185	45.12	
枣头留6个二次枝摘心	500	200	40.00	
对照	700	140	20.00	

从表8-5中可以明显地看出，在枣树花期所进行的不同程度的摘心，均可显著地提高坐果率，摘心越重提高坐果率的效果越明显。枣头花期摘心，不仅提高了坐果率，增加了枣树产量，而且枣果大而整齐，明显地提高了枣果的质量。这项技术，方法简便，经济效益高，已在全国广大枣区普及推广。同时，枣头摘心控冠效果很好，最适合密植枣园采用。山西交城、临猗等枣区，有的枣农，对没有生长空间的枣头，留5~7厘米长后强摘心，培养木质化枣吊结果，同时对木质化枣吊也进行摘心，坐果效果很好，一个木质化枣吊上能结十几个枣，最多的能结30多个枣。

二、环状剥皮

环状剥皮，有的枣区叫“开甲”。这是河北沧州和山东乐陵金丝小枣区枣农长期以来采用的一项提高枣树坐果率的技术措施。

河南新郑灰枣区枣农称其为“刭枣”，与“开甲”的原理相同，方法不同。前面已述，枣树开花期物候期重叠，各器官需求营养集中，通过环状剥皮，切断韧皮组织，使光合产物短期内不能向下运转，地上部营养相对增加，有利于花芽分化和开花坐果对营养的需求，从而减轻落花、落果，提高坐果率。

环剥，宜在盛花初期进行，即枣吊30%花开放时。此时开的花为零级和一级花，花的质量高，所坐的果生育期长，枣果发育好，大果率和等级枣多，商品性好。

环剥部位主要在主干部位，也可在主枝、辅养枝上局部环剥。第一次从地面以上主干20厘米处开始，每年或隔年上移5厘米左右，接近第一主枝时，再从主干下部重复进行，但剥口要错开。

环剥方法是，在环剥部位，先用镰刀刮去外层黑皮，露出粉红色韧皮。再用专用环剥刀，按要求宽度环剥上下两圈，深达木质部，取净切断的韧皮，切口要平直，不留毛茬，并及时涂抹湿泥，用塑料布包扎封闭，以防害虫啃食愈伤组织，促进伤口愈合。环剥宽度因植株大小而异，一般为5~7毫米，以环剥后30天内伤口愈合好为宜。环剥过窄，伤口过早愈合，起不到环剥的作用；环剥过宽，伤口愈合过晚，花期坐果虽多，但树势易削弱，花后落果严重，枣果质量差，甚至出现因当年伤口愈合不住而造成植株死亡。环剥一般应在整形完毕、树干直径达10厘米左右和生长势较强的植株上进行，同时要加强土肥水为主的综合管理。这样，才能取得理想效果。老龄树、未完成整形任务的树和生长势较弱的树，不宜进行环剥，自然坐果率高的品种也不需要环剥。

刭枣，是河南新郑、中牟等灰枣、鸡心枣区枣农提高坐果率的传统技术措施。其方法是：在枣树开花期，用刭枣专用斧，在树干中部自下而上地砍伤韧皮组织，斧口距为2.5厘米左右，深度以砍断韧皮部不伤木质部为宜。从盛花初期开始，每3~5天刭枣一次，共刭枣3~5次。每次刭3圈，从距地面20厘米处开始，逐年上移。由于每年进行刿枣，愈伤组织逐年增粗，刿枣部位逐渐形成大肚状。刿枣对树龄、树势和土肥水管理要求与环剥相同。

三、灌水与喷水

枣树花粉发芽，需要较高的空气湿度；开花坐果，需要有较充足的水分供应。花期土壤水分不足，空气相对湿度低于50%时，不利于枣花粉发芽，严重影响坐果率。实践证明，在枣树花期进行土壤灌水和对树冠喷水，可补足各器官对水分的需求，改善枣园的空气湿度，有利于花芽分化，可明显提高坐果率。喷水时间，宜安排在下午6时以后。此时气温下降，喷水后水分蒸发慢，树上保湿时间长。当天开的花，花粉已基本散完，花粉不会因喷水而被冲刷。喷水次数，因花期干旱程度而异。一般年份，每天喷水1次，共喷3~4次。相邻两次喷水的间隔时间为2天。干旱较严重年份，喷水次数需适当增加。为节省用工和投资，花期喷水可与叶面喷肥、喷生长调节剂、喷药治虫结合进行。在北方枣区，枣树花期正是旱季，常因干旱和高温而发生焦花现象，坐果不良。因此，花期灌水和喷水，是一项重要的技术措施，对提高当年枣果的产量和质量，都有较好的效果。

四、枣园放蜂

枣树大部分品种能自花授粉结果。但枣花是虫媒花，花期在枣园放蜂，有助于授粉受精，提高坐果率。枣树是很好的蜜源植物，枣树花量大，花期长，蜜液丰富，蜜质优良。枣园花期放蜂，既能帮助授粉，提高坐果率，又能采集花粉和酿蜜，增加经济收入，一举两得。放蜂场所应选在枣园附近地势开阔的向阳平地，距枣园越近越好。也可将蜂箱放在枣树行间。所放蜂群的数量，视蜂源而异。蜂群数量充足，以多为好，一般每公顷枣园放2~3箱为宜。在枣园放蜂期间，不能喷农药，以免使蜜蜂中毒死亡。近年来，山西临猗梨枣区,推广了枣园花期放蜂的技术措施,取得了较好效果。2003 年山西万荣县高村乡养蜂户薛继孝,在枣树开花期带自养的 60 箱蜜蜂到临猗县庙上乡山东庄村采枣花蜜,在 1 个多月的枣树开花期间,一箱蜜蜂可采 5 千克多优质枣花蜜,每千克售价 6 元,收入近 2 000 元,效益很好。经过蜜蜂授粉的枣树,坐果率明显高得多,可使枣园增产 30% 左右,而且坐果早,枣果长得大,能卖好价钱。枣园花期放蜂,对双方都有好处。“枣业带蜂业,蜂业促枣业”。当地枣农把枣园放蜂称为“空中农业”。这种模式形成了新的生态经济循环。

五、喷施植物生长调节剂和微肥

在花期给枣树喷施植物生长调节剂和微肥,可明显提高坐果率。目前,各枣区常用的植物生长调节剂和微肥如下:

(一)喷施赤霉素液

赤霉素,也称 920(九二〇),能刺激枣花粉发芽,促进枣花受精坐果。实践证明,枣树花期喷施浓度为 10~15 毫克/升的赤霉素水溶液,可为枣花提供外源激素,克服空气干燥和低温对坐果的不利影响,使其坐果稳定。一般可提高坐果率 50% 以上,有的可提高 1 倍以上。上海溶剂厂生产的赤霉素粉剂,使用时,先用少量酒精或 50 度以上白酒溶解后,再对水稀释成所需要的药液浓度。即 1 克赤霉素粉剂对水 100 升,即为 10 毫克/升浓度的赤霉素溶液;对水 66 升,即为 15 毫克/升浓度溶液。上海第十八制药厂生产的“三六”牌 40% 水溶性赤霉素粉粒剂,不需先用酒精或高度白酒溶解后再加水稀释,可直接加水配制成所需浓度。1 克粉剂加水 50 升,即为 10 毫克/升浓度的药液;加水 37.5 升,即为 15 毫克/升浓度的药液。水溶性赤霉素配施方便,直接加水配制成所需浓度,待颗粒全部溶解后即可施用。赤霉素不宜与酸、碱农药和肥料混合使用,配制好的水溶液不宜久放,应随配随用,一次用完,以免失效。赤霉素宜于阴凉干燥处保存。喷施在枣树整个花期均可进行,但以初花期或盛花初期最为适宜。一般年份喷一次即可,喷后1周子房膨大不明显时,可再喷一次。喷施时间以早上9点以前或下午5时以后为好,喷洒数量以叶片将近滴水为度。将喷施赤霉素与0.3%~0.5%尿素溶液混用,效果更为明显。喷后当天若遇下雨,需及时进行补喷。有的枣区喷赤霉素次数过多,喷后坐果虽然很多,但营养消耗多,造成中、后期严重落果,而且树势弱,枣果小,品质差。枣树花期喷赤霉素,已成为大部分枣区提高枣树产量的一项重要技术措施,这项技术已在全国各枣区广泛推广。但是,要合理应用,适可而止,既要提高产量,又不要削弱树势和影响品质。

(二)喷施硼酸和硼砂液

硼,能促进枣花粉萌发和花粉管的生长,促进钙的吸收。硼和氮素的代谢、细胞分裂、光合作用、水分代谢等,都有密切关系。缺硼会导致叶绿素减退,光合作用下降。硼与其他元素有一定的平衡关系,能促进枣树对无机盐类和有机养分的代谢过程。各地试验证明,在花期给枣树喷0.2%硼酸或0.3%硼砂水溶液,枣树的坐果率可提高20%~40%。土壤缺硼的枣园效果更加明显。据山西运城市红枣中心试验,枣缩果病与缺硼有关。在枣果生育期喷施硼酸和硼砂肥液,对防治和减轻枣缩果病的发生和危害,有良好的效果。枣树喷硼,成本低,效果好,既可提高坐果率,又可防治和减轻枣缩果病。喷施硼酸或硼砂液,可与0.3%~0.5%的尿素、0.2%~0.3%磷酸二氢钾溶液混喷。喷洒时间和数量可参照赤霉素的喷施方法。

(三)喷施稀土液

市售的稀土产品,含有多种稀有元素。20世纪80年代中期,河南新郑枣树研究所和中国林业科学院林业科学研究所,将它分别应用在灰枣和板枣上,取得较好效果。1985年,河南新郑枣树研究所在主栽品种灰枣花期，喷施浓度分别为100，300，500，700毫克/升稀土溶液，坐果率分别为对照的113%，140%，142%，98%。试验结果表明，以300毫克/升和500毫克/升浓度效果最好。山东无棣县林业局在金丝小枣花期，喷施100，300，500毫克/升浓度的常乐牌稀土溶液，其单株产量分别比对照增加36.36%，81.82%，23.24%，以300毫克/升浓度增产效果最明显。山西省稀土协会、山西省红枣协会及山西省交城县红枣开发中心，1998年在交城县骏枣花期喷施400，500毫克/升浓度的山西昔阳太行稀土实业有限公司生产的稀土溶液，坐果率比对照分别提高28.5%和28.8%，单果重比对照增加2.5克。而且着色早，色泽深(果皮为紫红色)，投资少，每667平方米枣园投资只有2.6元。稀土液的喷施时间和数量，可参照赤霉素液喷施的时间和数量。

(四)喷施枣丰灵1号

枣丰灵1号，是河北沧州市农林科学院研制的新型枣树促控剂，由赤霉素、细胞分裂素等几种成分组成。在枣树花期喷施枣丰灵1号，可提高坐果率。与赤霉素相比，初期坐果率低于赤霉素，但幼果期落果少。据对冬枣试验调查，喷施枣丰灵1号的最终坐果率高于喷施赤霉素，避免了赤霉素前期坐果多，幼果期落果严重的缺点。枣丰灵不溶于水，需先用少量酒精或高度白酒溶解后再对水稀释。其适宜浓度为枣丰灵1克，用酒精溶解后，对水25升。喷洒时间和数量，可参照赤霉素的喷施。枣丰灵1号具有促进坐果，加快幼果细胞分裂，防止和减少幼果脱落等优点，已在金丝小枣和鲁北冬枣产区推广。

用于枣树促花坐果的植物生长调节剂，还有很多，如萘乙酸、吲哚乙酸、吲哚丁酸、2，4-D、增产灵和三十烷醇等。据各地试验，都有一定效果，在此不再一一介绍。

第九章　枣树主要病虫害的安全防治

枣树病虫害种类很多，在全国范围内发生普遍，危害严重。对枣树产量和质量影响较大的病害，主要有枣疯病、枣锈病、炭疽病和缩果病。危害较大的害虫，主要有枣尺蠖、枣粘虫、食芽象甲、桃小食心虫、枣瘿蚊、黄刺蛾、龟蜡蚧和山楂红蜘蛛等。病虫害是造成枣树产量低，质量差，效益不高的重要原因。因此，采取积极有效的措施，认真搞好病虫害的防治，是枣树生产获得高产、稳产、优质和高效的可靠保证。

进行枣树病虫害防治，要贯彻“预防为主，综合防治”的植保方针，同时，要实施无公害防治措施，以人工防治和生物防治为主。一般不要使用化学农药，必要时可选用高效、低毒、低残留农药。通过采取综合防治的措施，以达到有效控制病虫害的发生和危害，把病虫害控制在允许范围之内的目的。

第一节　枣树主要病害的安全防治

一、枣疯病

(一)危害情况

枣疯病是枣树和酸枣树的一种主要病害，在全国大部分枣区均有发生。河北阜平、北京密云、河南内黄、陕西清涧、山西稷山、安徽歙县和广西灌阳等枣区，枣疯病发生较严重，一般病株率达3%～5%，有的枣园病株率高达30%以上，个别枣区由于枣疯病的发生和危害，致使全区和全园基本毁灭。

枣疯病的症状表现，是花器返祖，花梗伸长，萼片、花瓣、雄蕊变成小叶，主芽、隐芽和副芽萌发后，变成节间很短的细弱丛生状枝，休眠期不脱落，残留在树上。重病树不结果或结果很少，枣疯病枝上结的枣果呈花脸型，味苦，不能食用。枣疯病病原为植原体，旧称类菌质体(MLO)，先从局部枝条发生，通过中华拟菱纹叶蝉、凹缘菱纹叶蝉等昆虫和带病接穗嫁接，带病苗木等途径，进行传播。松树、柏树、泡桐树和芝麻等植物，是叶蝉的越冬场所和主要寄主。

据陕西省清涧枣区调查，枣疯病发生严重的枣园，附近都有松、柏树。枣疯病潜伏期和危害情况，与品种、管理条件、生态环境等因素有关。山西省农业科学院果树研究所枣品种圃，1965 年春定植省内品种 51 个，计 474 株，1966 ~ 1979 年，枣园无人管理而荒芜，不仅产量无几，而且病虫害十分严重，桃小食心虫果率高达 95%以上，有 26 个品种发生枣疯病，占品种总数的 50%以上，其中枣疯病株 99 株，占品种园定植总株数的 20.89%。

从该枣品种园内枣疯病发生情况看，在生态环境，管理水平和树龄大小基本相同的情况下，不同品种枣疯病感病情况有明显差异。全园 51 个品种中，有 25 个品种未感染枣疯病。在感病的 26 个品种中，龙枣、端子枣 2 个品种，病株率在 80%以上；不落酥、美蜜枣和临猗梨枣 3 个品种中，病株率为 60% ~ 80%；大枣、笨枣、当地枣和中阳木枣 4 个品种中，病株率为 40% ~ 60%；板枣、油枣、壶瓶枣、针葫芦、鸡心蜜枣、永济蛤蟆枣和太谷葫芦枣七个品种中，病株率为 20% ~ 40%；在骏枣、黑叶枣、铃铃枣、星星枣、榆次团枣、婆婆枣、柳罐枣、襄汾圆枣、襄汾木枣和洪赵葫芦枣十个品种中，病株率在 20%以下，其中婆婆枣计 33 株，仅有 1 株感病，株病率只有 3%(表 9-1)。婆婆枣原产运城市盐湖区北相镇，与相枣分布在同一产区。20 世纪 60 年代初，在枣树资源调查中发现，婆婆枣比相枣抗枣疯病力强。

表9-1　山西省果树研究所枣品种圃的枣疯病调查

品种名	调查株数（株）	枣疯病株数（株）	枣疯病株率（%）	备　注
永济脆枣	6	0	0.00	1. 品种园定植的枣树是从原产地引进的根蘖苗 2. 调查日期为1980年3月份
永济蛤蟆枣	15	3	20.0	
永济鸡蛋枣	2	0	0.00	
临猗梨枣	16	11	68.75	
圆脆枣	6	0	0.00	
鸡心蜜枣	11	4	36.36	
洪赵脆枣	6	0	0.00	
岩　枣	6	0	0.00	
板　枣	46	14	30.44	
临汾团枣	6	0	0.00	
屯屯枣	6	0	0.00	与灵宝大枣同物异名
尖　枣	6	0	0.00	
洪赵葫芦枣	6	1	16.67	
洪赵十月红	6	0	0.00	
洪赵小枣	6	0	0.00	
婆婆枣	33	1	3.00	
相　枣	9	0	0.00	
稷山圆枣	6	0	0.00	
柳罐枣	7	1	14.29	
长　枣	6	0	0.00	
龙　枣	6	6	100.0	
官滩枣	6	0	0.00	
襄汾圆枣	6	1	16.67	
襄汾木枣	6	1	16.67	

续表 9-1

品种名	调查株数（株）	枣疯病株数（株）	枣疯病株率（%）	备注
垣曲枣	6	0	0.00	
不落酥	5	3	60.00	
铃铃枣	7	1	14.29	
甜酸枣	6	0	0.00	
黑叶枣	7	1	14.29	
壶瓶酸	6	0	0.00	
壶瓶枣	51	13	25.49	
星星枣	6	1	16.67	
太谷葫芦枣	17	6	35.29	
榆次牙枣	6	0	0.00	
沙　枣	6	0	0.00	
端　枣	6	0	0.00	
骏　枣	36	7	18.29	
郎　枣	6	0	0.00	
大　枣	6	3	50.00	
清徐圆枣	3	0	0.00	
榆次团枣	6	1	16.67	
大马枣	6	0	0.00	
俊　枣	6	0	0.00	
笨　枣	6	3	50.00	
油　枣	6	2	33.33	
中阳木枣	5	2	40.00	
当地枣	6	3	50.00	
端子枣	6	5	83.33	

续表 9-1

品种名	调查株数（株）	枣疯病株数（株）	枣疯病株率（%）	备注
美蜜枣	6	4	66.67	
针葫芦	3	1	33.33	
太谷敦敦枣	6	0	0.00	
合计	4717	99	20.76	

（二）防治方法

1. 选择抗病力强的优良品种 这是预防枣疯病发生和危害的最好方法。河北农业大学枣疯病研究课题组从河北、河南、山东、山西、安徽、辽宁、广西、江苏和江西等省、自治区，收集了 30 个抗性较强的种质材料，建立了抗性资源圃。通过高接鉴定，从中选出 7 个抗病性强的品种，用抗病性强的品种接穗高接在枣疯病树上，取得了良好的效果，90％以上接穗萌发的枝条，都生长正常。由此可见，利用抗性种质资源防治和改造枣疯病树，具有良好的前景。

2. 及时清除枣疯病树、病枝和病苗 据河北农业大学枣疯病课题组研究，枣疯病植原体周年不同时期都存在，植原体能在地上部越冬。在不同部位不同时期，植原体病原分布不同。在疯根中，5 月份病原浓度最高，8 月份至翌年 3 月份，病原浓度较低。地上部疯枝中，7～8 月份病原浓度最高，10 月份至翌年 5 月份，病原浓度较低。病根和病枝相比，病枝中病原浓度一直处于较高水平。在同一时期，不同器官的病原数量不同，枣吊、叶柄等幼嫩部位，病原浓度明显高于枝条和根部。

还可以看出，疯病树的地上部和地下部具有对应性，地上部某个方位有疯枝，对应的地下根部也存在病原。据此，及时清除疯枝、疯根、疯蘖和疯苗，即轻病树去除疯枝和相对应疯根，重病树连根清除,疯蘖和疯苗随发现随清除,可以有效地减轻和防治枣疯病的危害。

3. 加强管理,增强树势,提高树体抗病能力 实践证明,粗放管理的枣园,特别是荒芜的枣园,枣疯病的发生和危害严重;管理较好的枣园,枣疯病发生轻,即使发生枣疯病,蔓延速度也较慢。实践证明,加强枣园的综合管理,可有效地减轻和控制枣疯病的发生和危害。

4. 隔离病源 选用无病的苗木和接穗,在无病区建立苗木繁育圃和良种采穗圃,不能在疯树上采集接穗和病区刨根蘖苗,以免苗木和接穗带菌传播。

5. 防治传病昆虫,切断传播途径 中华拟菱纹叶蝉和凹缘菱纹叶蝉等昆虫在疯病树上吸食后,飞到无病树上吸食,即可传病。在枣树生长期,结合防治其他害虫喷杀药剂,可杀死叶蝉,切断传播途径。同时,枣园附近不要栽植松树、柏树和泡桐树,园内不要间作芝麻。10 月份,叶蝉向松、柏树转移后,春季叶蝉向枣树转移前,在松树、柏树上喷施杀虫剂,可消灭寄主松、柏树上的叶蝉,降低叶蝉虫口基数,减小传病概率。

6. 进行药物防治 近年来,河北农业大学枣疯病课题组,中国林科院森保研究所枣疯病课题组,采用树干打孔输液的方法防治枣疯病,取得了良好效果。所用药剂有国产土霉素、四环素,进口土霉素(韩国产)、河北农业大学研制的抗疯 4 号、抗疯 8 号、祛疯 1 号和祛疯 2 号等。河北农业大学枣疯病课题组在河北阜平、唐县、玉田、曲阳,辽宁葫芦岛,陕西清涧等三省六县进行试验,结果表明,用祛疯 1 号、祛疯 2 号和进口土霉素(韩国产)等药剂防治枣疯病,药效稳定,防治效果良好。轻病树用药 1 次,一般在 2 ~ 3 年内不发病,最长 5 年内不发病。重病树,药效维持时间较短,必须连续治疗 2 ~ 3 年,才能有效控制病情。用药浓度一般为 1%,用药量因树的大小和病情轻重而定。用药量,一般轻病树为 500

克/株,中等病树为1000克/株,重病树为1500~2000克/株。幼龄或衰老病树可连根清除。进行药物滴注前,可先去掉疯枝,用专用手摇钻打孔,用连体式多针头塑料袋进行滴注。药液注输时间,北方枣区在4月下旬至5月上旬枣树生长旺盛期为最好。河北农业大学枣疯病课题组试验推广的树干药物输液防治枣疯病技术,取得了可喜成果。在阜平试点,1999年防治的总有效率达95.6%,治愈率达82.6%,2000年,2001年和2002年对试验树继续进行监测防治,病树治后的健康保持率为87.96%。辽宁葫芦岛试点2001年和2002年连续两年推广课题组筛选的药物,进行树干输液治疗,防治有效率达100%,治愈率达75%。此项成果已通过河北省科技厅组织的全国同行专家鉴定,并已在全国推广。

二、枣锈病

(一)危害情况

枣锈病,是枣树叶部的主要病害。该病在全国大部分枣区均有发生,但以黄河、淮河和海河流域平原水地枣园发生较严重。由于枣锈病的危害,导致叶片提早脱落,使当年的产量和品质受到严重影响,而且影响光合产物的积累,使树体营养贮备不足,对来年枣树生长和结果也有很大的不利影响。

枣锈病病原,属于真菌中担子菌亚门,冬孢菌纲,栅锈菌科,层锈菌属,枣层锈菌。其症状主要表现在叶片上,严重时也危害果实。发病初期,叶片背面散生淡绿色小点,逐渐变为淡灰褐色或黄褐色,病斑突起,即夏孢子堆。夏孢子借风雨传播,不断侵染。多雨年份,通风透光条件差的枣园发病严重。发病时期与当年雨季早晚有关。雨季来临早,发病就早;雨季来临晚,发病就晚。多雨年份发病重,少雨年份发病轻,天旱年份一般不发病。发病先从枣树下部开始,逐渐向上蔓延。发病严重的枣园,7~8月份叶片开始脱落,有的发病枣树叶片大部脱落,仅留枣吊,造成严重减产减收,也使果实品质下降。病菌主要以夏孢子在落叶中越冬,翌年遇到适宜的环境,便侵染发病。

(二)防治方法

第一,搞好预测预报,适时进行防治。

第二,秋末冬初清洁枣园,将枯枝、落叶、落果和杂草,认真清扫,集中烧毁,以消灭越冬菌源。

第三,合理进行间作,搞好修剪,改善枣园通风透光条件,以减轻危害。

第四,适时喷药防治。在北方枣区,一般于7月上旬发病前喷1:2:200倍波尔多液。一般不用化学农药。危害严重时,也可用25%粉锈宁粉剂1 000～1 500倍液,进行防治。

三、枣缩果病

(一)危害情况

枣缩果病,又称黑腐病、褐腐病。在河南、河北、山东、山西、陕西、安徽、宁夏、甘肃、辽宁等省、自治区的枣区均有发生,是枣树果实的主要病害之一。20世纪80年代以来,该病在北方枣区有日趋严重之势。1999～2001年,山西运城枣区枣缩果病大发生,使枣树生产受到较大损失。1981年河南新郑枣区枣缩果病大流行,全区350万株枣树,病株率高达95%,重病树落果满地,全区枣果损失300万千克。

枣缩果病的病原,目前认识尚不一致。1993年,中国科学技术出版社由陈贻金等编著的“枣树病虫及其防治”著作中,将枣缩果病定为细菌病害,病原为细菌植物门,草生群,肠杆菌科,欧文氏菌属的一个新种——噬枣欧文氏菌。枣缩果病主要侵害果实,一般在8月份枣果白熟期出现病症,发病初期,果实肩部或胴部出现浅黄色晕环,边缘较明显,随着果实的生长,逐渐扩大成不规则的土黄色或土褐色病斑,病部稍凹陷,果肉松软,呈海绵状坏死,味苦,不堪食用。

枣缩果病病菌在病果内越冬。一般在7月中下旬和8月上中旬枣果白熟期至着色开始时出现病症。此期温度偏高,降雨较多,发病严重。在北方枣区,8月中旬至9月上旬枣果着色期为发病盛期,如遇连阴雨天气,枣缩果病暴发成灾。据山西运城市林业局红枣中心调查,枣缩果病与品种、生态环境、栽植密度和枣园管理水平等因素有关。临猗梨枣、骏枣和壶瓶枣等品种发病重,相枣、婆婆枣和吕梁木枣等品种发病轻。平地密植枣园和管理条件差的枣园发病重,山地枣园和管理条件较好的枣园,发病较轻。

(二)防治方法

第一,及时清理枣园病果和烂果,减少侵染源。

第二,加强枣园综合管理,增施有机肥,在枣园间作和压施绿肥,提高树体抗病能力。

第三,在花期和幼果期,喷洒0.3%的硼砂或硼酸,可减轻枣缩果病的发生和危害。

第四,早春枣树萌芽前,对其喷3波美度石硫合剂。7月下旬至8月上旬枣果白熟期,喷农用链霉素100~140单位/毫升或土霉素140~210单位/毫升,或DT 600~800倍液。

第五,选用抗病优良枣树品种。

四、枣炭疽病

(一)危害情况

枣炭疽病,有的枣区称它为烧茄子病、黑斑病。在黄河中下游的山西、陕西、河南、河北和山东的全国重点枣产区,以及安徽等省的枣区,均有发生。其中,以河南灵宝,山西运城、临猗、交城与太谷等枣区,该病危害较严重。由于炭疽病的危害,使枣果提早脱落,品质下降,危害严重的枣园,病果率高达50%以上,造成严重的经济损失。

枣炭疽病主要危害果实，是枣树果实的一种主要病害。它也侵害枣头、枣吊和叶片。枣果染病后，受害处出现淡黄色斑痕，以后逐步扩展成不规则的水渍状黄褐色斑块。病斑呈圆形或椭圆形，中间凹陷，果肉味苦，不能食用。在潮湿环境下，病斑上长出许多黄褐色小突起和粉红色黏性物，这是枣炭疽病病菌的分生孢子团。

枣炭疽病的病原，为真菌中半知菌亚门的胶胞炭疽菌。病原菌的菌丝在果肉内生长，以菌丝体在枣头、枣股、枣吊及僵果内越冬，翌年分生孢子借风雨和昆虫传播。

炭疽病发生的时间早晚及程度轻重，与雨期、雨量和品种等因素有关。雨期早，发病也早；雨量大，阴雨天气多，发病较重。雨期来临迟，发病也迟；雨量小，阴雨天气少，发病即轻。临猗梨枣、骏枣、壶瓶枣、灵宝大枣和鲁北冬枣等品种，发病较重，抗炭疽病能力较弱。相枣、油枣、婆婆枣和中阳木枣等品种，抗炭疽病能力较强，发病较轻。

炭疽病的发生及其危害，与树势强弱及枣园管理水平也有一定的关系。树势强，管理水平较好，枣树发病较轻；树势较弱，管理水平较差，枣树发病便较重。

(二)防治方法

1. 清洁枣园 秋末冬初，将枣树下的枯枝、落叶、落果和残留的枣吊，认真清除，减少侵染源。

2. 加强枣园综合管理 要增施有机肥和磷、钾肥，合理进行间作，改善枣园生态环境条件，以增强树势，提高抗病能力。

3. 进行药剂防治 萌芽前喷3波美度石硫合剂。石硫合剂的稀释倍数如表 9-2 所示。在 8 月上旬果实白熟期，喷布 1∶2∶200 倍波尔多液或 75% 百菌清 800 倍液。

4. 选用抗病品种 在建立新枣园或改造老枣园时，要选用抗病性强的优良枣树品种，使园内枣树对枣炭疽病具有抵抗能力较强的内在因素，从而减少或避免该病的发生。

表 9-2　石硫合剂原液稀释倍数表

原液浓度(波美度)	稀释浓度(波美度)									
	0.1	0.2	0.3	0.4	0.5	1	2	3	4	5
	加水倍数									
15	166.19	82.54	54.65	40.71	32.35	15.62	7.25	4.46	3.07	2.23
16	178.72	88.80	58.82	43.84	34.84	16.86	7.87	4.87	3.37	2.47
17	191.44	95.16	63.06	47.01	37.38	18.12	8.50	5.29	3.68	2.72
18	204.37	101.61	67.36	50.24	39.96	19.41	9.13	5.71	4.00	2.97
19	217.50	108.17	71.73	53.51	42.58	20.71	9.78	6.14	4.32	3.22
20	230.84	114.84	76.17	56.84	45.24	22.04	10.44	6.57	4.64	3.48
21	244.39	121.61	80.69	60.22	47.94	23.39	11.10	7.02	4.97	3.74
22	253.17	128.50	85.27	63.66	50.69	24.76	11.79	7.47	5.30	4.01
23	272.17	135.49	89.93	67.15	53.48	26.15	12.48	7.92	5.65	4.28
24	286.41	142.60	94.67	70.70	56.32	27.56	13.18	8.39	5.99	4.55
25	300.87	149.83	99.49	74.31	59.21	29.00	13.90	8.86	6.34	4.83
26	315.59	157.19	104.38	77.98	62.14	30.46	14.62	9.34	6.70	5.12
27	330.55	164.66	109.36	87.72	65.13	31.95	15.36	9.83	7.07	5.41
28	345.77	172.27	114.43	85.51	68.16	33.46	16.11	10.33	7.44	5.70
29	361.25	180.00	119.58	89.38	71.25	35.00	16.88	10.83	7.81	6.00
30	377.00	187.87	124.83	93.30	74.39	36.57	17.65	11.35	8.20	6.30
31	393.03	195.88	130.16	97.30	77.59	38.16	18.44	11.87	8.59	6.61
32	409.34	204.03	135.59	101.37	80.84	39.78	19.25	12.40	8.98	6.93
33	427.91	212.32	141.16	105.51	84.15	41.43	20.07	12.95	9.39	7.25
34	442.84	220.77	146.74	109.73	87.52	43.11	20.90	13.50	9.80	7.58
35	640.04	229.36	152.47	114.02	90.95	44.82	21.75	14.06	10.22	7.91

注：表中石硫合剂原液的稀释倍数，是指按容量计算所得出的结果

第二节 枣树主要虫害的安全防治

一、枣尺蠖

(一)危害情况

枣尺蠖(图9-1),又名枣步曲、弓腰虫、顶门吃、圪蛴等。在全国枣区均有发生,以北方枣区发生普遍,危害严重。在大发生年份,该虫可将叶片全部吃光,如同休眠期一样,形成二次发芽,造成大幅度减产。枣尺蠖除危害枣树外,还危害苹果、梨、山楂、桃和杏等果树。它已成为一种杂食性害虫。

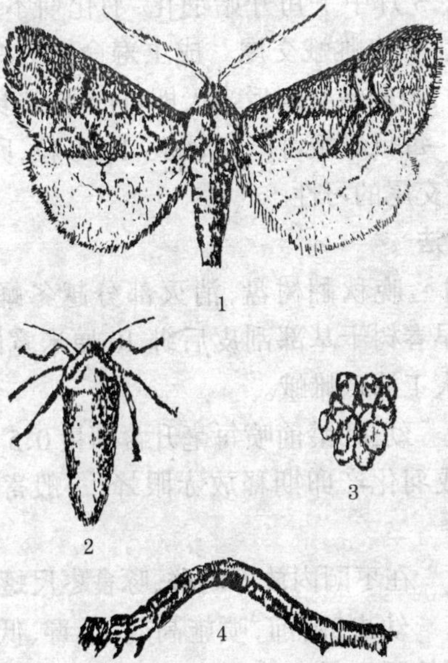

图9-1 枣尺蠖

1. 雄成虫 2. 雌成虫 3. 卵 4. 幼虫

枣尺蠖属鳞翅目，尺蛾科。一年发生1代，以蛹在树干周围表土层中越冬，以树干1米范围内分布集中。蛹为纺锤形，暗褐色，体长14～18毫米，雌蛹比雄蛹体大。成虫雌雄异型，黑灰色。雄蛾有翅能飞翔，体长10～15毫米，翅展25～35毫米。雌蛾无翅，比雄蛾肥胖，不能飞翔，只能爬行，体长15～20毫米。卵圆形或扁圆形，直径1毫米左右，初产出时为灰绿色，孵化前为灰黑色，光滑有光泽。幼虫黑灰色，蜕皮4次，共5龄，龄期为32～39天。1龄和5龄龄期长，2、3、4龄龄期短。幼虫活泼，弓腰爬行，遇震动吐丝下吊。3龄前食量小，3龄后食量渐增，5龄幼虫食量最大，占幼虫期总食量的87.08%。一头幼虫一生平均食叶150.46片。老熟幼虫体长5厘米左右，沿树干下爬或吐丝下垂入土化蛹越夏或越冬。在北方枣区，3月中下旬开始羽化，羽化期不整齐，羽化后雄蛾飞到树上潜伏，等待雌蛾交尾。成虫寿命期为7～15天。雌蛾羽化后爬行上树，与雄蛾交尾后当天即可产卵，产卵期为3～7天。卵期20天左右。每只雌蛾可产卵800～1 200粒，卵多产在树皮缝中。雄蛾有多次交尾的习性。

(二)防治方法

1. 人工防治 晚秋翻树盘，消灭部分越冬蛹。孵化前刮树皮，消灭虫卵。早春树干基部刮皮后绑10厘米宽的塑料布，塑料布下面培土堆，人工捕杀雌蛾。

2. 生物防治 幼虫3龄前喷每毫升含菌量0.5～1亿的苏云金杆菌或青虫菌，或羽化产卵期释放赤眼蜂，一般寄生率达95%以上。

3. 放鸡吃虫 在枣园内放养鸡群，啄食枣尺蠖的幼虫。

4. 药剂防治 幼虫3龄前，喷施高效、低毒、低残留农药。常用农药有25%灭幼脲3号2 000～2 500倍液，25%杀虫星1 000倍液。为了防止害虫产生抗性而影响防治效果，对杀虫药剂要轮换使用。

二、枣粘虫

(一)危害情况

枣粘虫(图9-2),又名卷叶蛾、包叶虫、粘叶虫、贴叶虫、枣镰翅小卷蛾、枣实菜蛾等。在全国大部枣区均有发生,对北方枣区危害较严重。以幼虫危害嫩芽、叶片、花和果实,是枣树主要害虫之一。

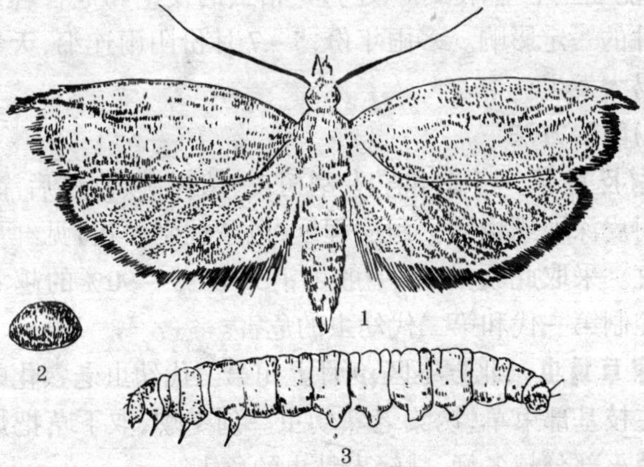

图9-2 枣粘虫

1. 成虫 2. 卵 3. 幼虫

枣粘虫属鳞翅目、菜蛾科。在北方枣区,一年发生3代,南方枣区一年发生4~5代,以蛹在主干和主、侧枝树皮缝中越冬。蛹纺锤形,长6~8毫米。初化蛹为黄褐色,羽化前变为暗褐色。成虫黄褐色,体长6~8毫米,翅展13~15毫米,触角丝状。卵扁圆形,直径0.6毫米左右,初产出时黄白色,后逐渐变为棕红色。初孵幼虫头部黑褐色,身部黄白色,老熟幼虫体长12~15毫米,头部黄褐色,全身黄白色。在北方枣区,第一代幼虫在4月上中旬至5月中旬发生,主要危害枣芽和叶片,虫期25天左右。老熟幼虫在粘叶内做茧化蛹。第二代幼虫在6月上中旬至7月下旬枣树花期和幼果期发生,危害叶、花和幼果,虫期20天左右。老熟幼虫在粘叶内做茧化蛹。第三代(越冬代)幼虫在8月上旬至9月下旬果实白熟期至完熟期发生,有的到10月上旬发生,虫期30~35天,除危害叶片外,还吐丝把叶片和果实粘连在一起,啃食果皮或钻入果内取食果肉,排出粪便,使被害果实提早变红脱落。老熟幼虫钻入树皮裂缝做茧越冬。枣粘虫孵化不整齐,世代重叠。它的幼虫非常活泼,能吐丝下垂,随风飘迁。枣粘虫的发生和危害轻重,受到环境条件的一定影响。多雨年份,5~7月份阴雨连绵,天气湿热,此虫容易大发生。

(二)防治方法

1. 刮皮堵洞 冬季和早春刮树皮、堵树洞、刮皮后涂白。将刮下的树皮深埋或烧毁。刮皮程度,以掌握刮黑皮,见红皮,不露白皮为宜。采取此项措施,一般可消灭80%~90%的越冬蛹,基本上可控制第一代和第二代幼虫的危害。

2. 束草诱虫 北方枣区,9月上旬第三代幼虫老熟化蛹前,在主干和主枝基部束草,诱集老熟幼虫。到冬季,取下草把烧毁,可有效地消灭部分越冬蛹,减轻枣粘虫的危害。

3. 设灯诱杀 成虫趋光性强,可在枣园设置黑光灯和河北沧县正大环保科技有限公司除虫设备厂研制的神乐牌全自动高效灭蛾器,诱杀成虫。

4. 用性诱剂进行诱杀 成虫性诱力强,可用山西农业大学和上海有机化学研究所共同研制的枣镰翅小卷蛾性信息素诱芯诱杀成虫。其方法是:从3月上中旬开始,每667平方米枣园,在树冠距地面1.5米的外缘挂一个性诱盆,用细铁丝穿一个诱芯,盆内放0.1%洗衣粉水溶液,诱芯横置盆中央的上面,距水面1厘米。每天下午,定时检查诱蛾数量。采用枣粘虫性诱剂,可大量诱杀雄蛾,使雌蛾失去配偶,从而降低交配率,压低虫口密度,达到减轻和控制的目的。同时,根据每日诱蛾量,了解枣粘虫的发生情况,为有针对性地进行防治，提供可靠的依据。

5. 进行生物防治 在第二、第三代成虫产卵期，每株释放3 000～5 000头赤眼蜂，或在幼虫期对树冠喷施200倍青虫菌微生物农药，可有效地防治该虫。

6. 进行药剂防治 可参照防治枣尺蠖的用药，防治枣粘虫。

三、桃小食心虫

(一)危害情况

桃小食心虫(图9-3)，简称桃小，又名枣蛆、钻心虫、枣实虫、桃蛀果蛾等。为世界性害虫，我国大部枣区均有发生，北方枣区发生较严重，是枣、苹果、桃、杏和山楂等多种果树主要蛀果害虫。在其为害严重的枣园，虫果率高达90%以上。被害枣果，提前变红，过早脱落，果内堆积虫粪，不堪食用，失去利用价值，造成严重的经济损失。

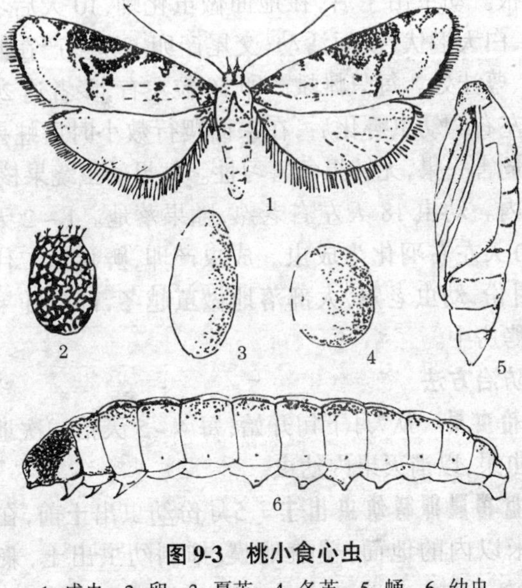

图9-3 桃小食心虫

1. 成虫 2. 卵 3. 夏茧 4. 冬茧 5. 蛹 6. 幼虫

桃小食心虫属鳞翅目,蛀果蛾科。在北方枣区一年发生1～2代。以老熟幼虫在树干周围土壤内越冬,4～7厘米深土层中分布较多。成虫灰白色,体长5～8毫米,翅展13～18毫米,雌蛾比雄蛾稍大。卵椭圆形,初产出卵淡红色,后变为深红色。幼虫肥胖。初龄幼虫为黄白色,老龄幼虫为桃红色,体长13～16毫米。蛹长纺锤形,体长6～8毫米,羽化时灰褐色。桃小食心虫的茧,分为冬茧和夏茧两种。冬茧扁圆形,直径5毫米左右,质地较致密,老熟幼虫在茧内越冬。夏茧体长13毫米左右,丝质较薄,质地较软,粘有土粒,幼虫在茧内化蛹。

越冬幼虫在翌年6月份日平均气温为20℃左右、土壤含水量达10%以上时出土。出土时期受雨情制约,雨期早则出土早。6～7月份,每逢下雨后,便出现出土高峰。水地枣园比旱地枣园危害严重。成虫无趋光性和趋化性,但趋异性强,可用桃小性诱剂诱杀和测报。幼虫出土后,在地面做茧化蛹,10天后羽化。成虫有避光性,白天潜伏,夜间活动,交尾产卵。卵多产在叶片背面和果实梗洼、萼洼处。每只雌蛾产卵50粒左右,多者达200粒以上。卵期7天左右。幼虫孵化后,在果面爬行数小时后蛀果为害。一头幼虫只危害一果,无转果危害习性。蛀果幼虫绕果核串食,将虫粪留在果内。幼虫18天左右老熟,随果落地。1～2天后脱果做茧化蛹,10天左右羽化为成虫。成虫产卵,孵化第二代幼虫蛀果为害。9月份,幼虫老熟,大部落地做茧越冬,部分随果实带入晾晒场地或烤房中。

(二)防治方法

1. 摘拾虫果 从7月下旬开始,每4～5天拾一次地面落果和摘除树上虫果,以消灭果内幼虫。

2. 树盘覆膜抑制幼虫出土 5月份幼虫出土前,在树干周围半径为1米以内的地面,覆盖地膜,抑制幼虫出土,兼有保墒效应。

3. 消灭越冬幼虫 秋末冬初翻树盘,树干周围表土撒扬地面,寒冬可冻死部分越冬幼虫。

4. 用性诱剂诱杀 利用桃小食心虫性诱剂和神乐牌全自动高效灭蛾器诱杀雄蛾。从6月份开始,每667平方米枣园,在树冠外围距地面1.5米处,挂一个诱捕器;每4~6公顷枣园,在距枣园地面2米处挂一个神乐牌全自动高效灭蛾器。除直接诱杀雄蛾外,也可作虫情测报用。为适时进行害虫防治提供可靠依据。诱蛾高峰期后1周左右,是树上防治桃小食心虫的最佳时期。

5. 进行药物防治 根据性诱剂的测报情况,诱到第一只雄蛾时为越冬幼虫出土盛期,可进行地面喷药防治。地面喷药时,在树冠下喷50%辛硫磷乳油200倍液,喷后轻轻耙耱。诱蛾高峰期为1周左右,这是树上喷药的最佳时期。北方枣区一般在7月中旬至8月上旬喷药,可喷25%灭幼脲3号2000~2500倍液。

四、食芽象甲

(一)危害情况

食芽象甲,又名枣芽象甲、枣飞象、太谷月象、食芽象鼻虫、小灰象甲、顶门吃、尖嘴猴、土猴、黑虎等。在全国大部分枣区均有发生。北方山区枣园受害比较严重。以成虫危害枣芽和幼叶,发生严重时能把枣芽和幼叶全部吃光,如同休眠期一样,形成二次发芽,使生长期缩短,开花和坐果期推迟,树势削弱,产量下降,果实变小。该虫除危害枣树外,还危害苹果、梨和桑树等果树。

成虫灰黑色。雄虫体长5毫米左右,雌虫6~7毫米。触角棒状,足3对,复眼圆形,黑色。卵长椭圆形,初产出时为白色,孵化前变为褐色。幼虫无足,乳白色,较肥胖,体长5~7毫米。蛹纺锤形,体长4~5毫米,初期乳白色,羽化前变为红褐色。

食芽象甲一年发生1代,以幼虫在土内越冬。在山西晋中地区,4月中下旬枣树萌芽时,成虫出土为害。成虫有假死性,寿命长达 30~40 天。早上和傍晚有露水时不活泼，白天气温高时可飞翔。4 月底至 5 月初交尾产卵，卵产于枣吊枝痕缝隙中，卵期 10~15 天。5 月中旬，幼虫孵化入土越冬，越冬期长达 10 个月左右。幼虫在土壤中生长发育。

(二)防治方法

第一，利用成虫的假死性，在早上和傍晚有露水时，于树冠下铺塑料布，击枝振落成虫，予以集中捕灭。

第二，树下喷 3%辛硫磷粉，每 667 平方米喷 1.5 千克左右。每 3~4 天振树一次，使成虫落地中毒死亡。

第三，在枣树发芽期，对树上喷 25%杀虫星 1 000 倍液，或 25%辛硫磷 1 500 倍液。

五、枣龟蜡蚧

(一)危害情况

枣龟蜡蚧(图 9-4)，又名日本蜡蚧、日本龟蜡蚧、龟甲蚧、枣虱子等。为世界性害虫，在我国枣区分布较广，部分枣园发生较严重。以若虫和成虫刺吸叶片与 1~2 年生枝条的汁液，并排泄黏液污染叶片和果实，妨碍光合作用，使树势削弱。虫情发生严重的枣园，势必造成减产。枣龟蜡蚧的寄主植物，有枣、柿、苹果、梨、桃、杏、李、柑橘、枇杷和石榴等多种果树。在北方地区，以枣树和柿树发生该虫较严重。

枣龟蜡蚧属同翅目，蜡蚧科。成虫受精雌虫椭圆形，产卵时体长 3 毫米左右，宽 2~2.5 毫米。外被蜡壳，灰白色，背部中间隆起，表面有龟甲状凹线，形似龟甲。雄成虫棕褐色，体长约 1.3 毫米，翅透明，翅展 2.2 毫米，2 条翅脉明显。卵椭圆形，长约 3 毫米，初产出时为淡黄色，后逐渐变为深红色，孵化前呈紫红色。初孵化若虫体扁平，椭圆形，长约 5 毫米，触角为丝状，复眼黑色，足 3 对。在叶面固定 12 小时后，出现白色蜡点，随着生长发育，逐渐形成蜡

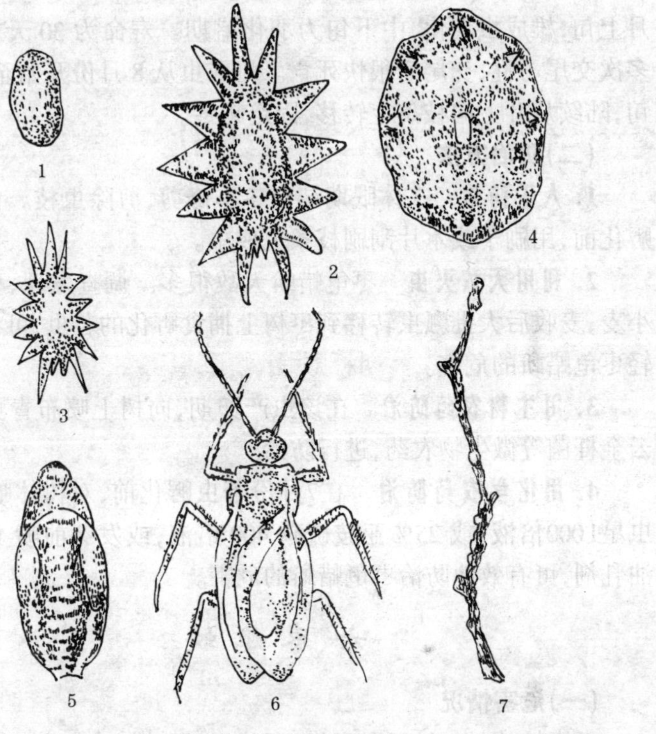

图 9-4　枣龟蜡蚧

1. 卵　2. 雄虫蜡壳　3. 若虫　4. 雌虫
5. 雄蛹　6. 雄成虫　7. 枣树枝条被害状

壳。在生长后期，蜡壳加厚，雌雄若虫形状可明显区分。

枣龟蜡蚧一年发生 1 代，以受精雌虫大部在 1～2 年生枝上越冬，翌年 4～5 月份继续发育，虫体逐渐增大。在山西晋中地区，6 月上旬开始产卵，每头雌虫可产 1 000 多粒。气温 23℃左右时，为产卵盛期，孵化期 20～30 天。6 月下旬开始孵化若虫，7 月上中旬为孵化盛期，7 月下旬孵化基本结束。若虫孵化后，先在叶上吸汁为害，被蜡前借风传播蔓延。4～5 天后，产生白色蜡壳，固着为害。8月上旬雌雄分化，中旬雄虫在壳下化蛹，蛹期15～20天。9月上旬，雄成虫羽化，中下旬为羽化盛期。寿命为30天左右。有多次交尾习性，交尾后很快死亡。雌成虫从8月份开始至10月上旬，陆续从叶上向枝条上转移，固定越冬。

(二)防治方法

1. 人工防治 在休眠期结合冬季修剪，剪除虫枝。在雌成虫孵化前，用刷子或木片刮刷枝条上成虫。

2. 利用天敌灭虫 枣龟蜡蚧天敌很多。调查发现，枣园间作小麦，麦收后大批瓢虫转移到枣树上捕食孵化的若虫，可有效地减轻枣龟蜡蚧的危害。

3. 用生物农药防治 在该虫产卵期，向树上喷布青虫菌和苏云金杆菌等微生物农药，进行防治。

4. 用化学农药防治 在7月份若虫孵化前，对树体喷25%杀虫星1000倍液，或25%亚胺硫磷400倍液，或发芽前喷10%的柴油乳剂，可有效地防治枣龟蜡蚧的危害。

六、枣瘿蚊

(一)危害情况

枣瘿蚊(图9-5)，又名枣蛆、枣芽蛆、卷叶蛆。在全国大部枣区均有发生。其寄主有枣树和酸枣树。以幼虫危害枣树和酸枣树的嫩叶，使被害叶片叶缘向里卷曲呈筒状，幼虫在卷叶内吸汁为害。有时一片叶内有几头至十几头幼虫。卷叶部位呈红紫色，质硬而脆，逐渐变为黑褐色，最后枯焦脱落，使枣吊叶量减少，对枣吊生长、开花和结果都有不利影响。

枣瘿蚊属双翅目、瘿蚊科。雌成虫橙红色或灰褐色，体长1.4～2毫米，复眼黑色，触角念珠状，14节。足3对，后足较长，形似小蚊。翅椭圆形，翅展3～4毫米。雄成虫较小，体长1～1.3毫米，触角发达，串珠状。卵淡红色，长约0.3毫米，有光泽。幼虫蛆

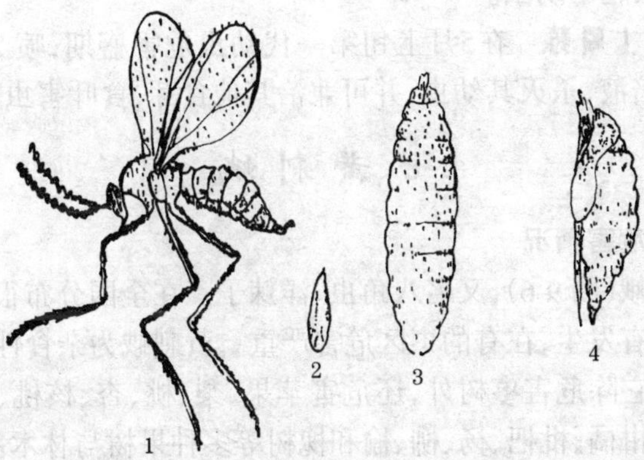

图 9-5 枣瘿蚊

1. 成虫 2. 卵 3. 幼虫 4. 蛹

状,乳白色,老熟幼虫体长 1.5~2.9 毫米。虫茧椭圆形,灰白色,长约 2 毫米,胶质,外附土粒。蛹纺锤形,长 1~1.9 毫米。初孵出时乳白色,后渐变为黄褐色。

在北方枣区,该虫一年发生 4~5 代,以老熟幼虫在树下表土层作茧越冬,翌年 4 月中下旬枣树萌芽期,羽化为成虫,产卵于枣芽上。成虫寿命 2 天左右。每头雌虫产卵 40~100 粒不等,卵期为 3~6 天。5 月上中旬的枣吊迅速生长期,嫩叶受害严重。幼虫期 10 天左右。第一代幼虫 6 月初脱叶入土,做茧化蛹,蛹期 6~12 天。6 月上中旬羽化为成虫。以后世代重叠。最后 1 代幼虫,于 8 月下旬至 9 月上旬入土做茧越冬。

(二)防治方法

1. 消灭越冬蛹 秋末冬初翻树盘,消灭部分越冬蛹压低虫口密度。

2. 覆膜抑制成虫出土 在4月上旬枣树萌芽前,于树下铺设地膜,抑制成虫出土。

3. 地面喷药 4月上旬成虫羽化前,地面喷 25%辛硫磷 1 000

倍液,消灭越冬幼虫。

4. 树上喷药 在5月上旬第一代幼虫危害盛期,喷25%杀虫星1000倍液,杀灭其幼虫,并可兼治其他食芽、食叶害虫。

七、黄刺蛾

(一)危害情况

黄刺蛾(图9-6),又名八角虫、洋辣子。在全国分布很广,大部分枣区均有发生,在有的枣区危害严重。黄刺蛾为杂食性害虫,寄主很多。它除危害枣树外,还危害苹果、梨、桃、杏、核桃、柿子、山楂、花椒、柑橘、枇杷、杨、柳、榆和槐树等多种果树与林木。以幼虫从叶背取食叶肉,留下叶柄和叶脉,把叶片吃成网状,危害严重时可把叶片全部吃光。

黄刺蛾属鳞翅目,刺蛾科。雌成虫较大,体长15~17毫米,翅展35~39毫米。雄成虫体长13~15毫米,翅展30~32毫米。头部与胸部黄色,前翅内半部黄色,外半部褐色,后翅和腹背部黄褐色。卵椭圆形,扁平,淡黄色,长1.5毫米左右。幼龄幼虫黄色,老龄幼虫黄绿色,体长25毫米,背部有一块中间细两端粗的紫褐色斑纹。各节有4根枝刺,胸部有6根、尾部有2根较大的枝刺。胸足极小,腹足退化。它的茧为椭圆或卵圆形,形似麻雀蛋,长约15毫米左右,质地较硬,外表灰白色,有褐色纵条纹。它的蛹为椭圆形,黄褐色,体长12毫米左右。

在北方大部分枣区,它一年发生1代,以老熟幼虫在枝杈处结茧越冬。第二年5月中旬,幼虫在茧内化蛹,蛹期15天左右。6月中旬,出现成虫。成虫寿命为4~7天,有趋光性,白天在叶背静伏,夜间活动。羽化后不久,便交尾产卵。卵产于叶背。每头雌虫可产卵50~70粒。卵连片集中,半透明,卵期8天左右。初孵出幼虫,先群集,后分散,危害期为7月中旬至8月下旬。9月上旬,其幼虫老熟,在枝杈处作茧越冬。在南方枣区,黄刺蛾一年发生2

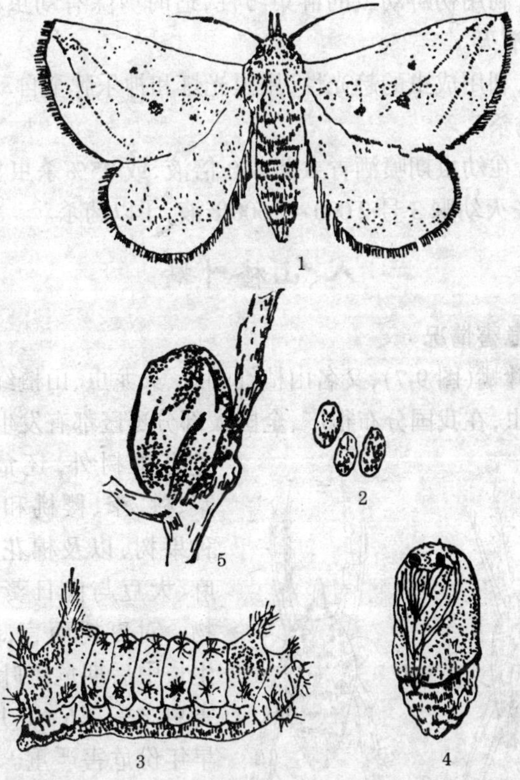

图9-6 黄刺蛾

1. 成虫 2. 卵 3. 幼虫 4. 蛹 5. 茧

代。5月中旬出现成虫。第一代幼虫6月中旬大量孵化为害。幼虫期为30天左右。7月中旬,幼虫结茧化蛹,7月下旬羽化为成虫。7月底,第二代幼虫孵化而出。8月上中旬,幼虫危害最盛。8月下旬,幼虫开始陆续结茧越冬。

(二)防治方法

第一,结合冬春季修剪,剪除越冬虫茧。

第二，利用初孵幼虫的群集习性，适时剪除有幼虫群集叶片，将其集中消灭。

第三，利用成虫的趋光性，用黑光灯和神乐牌全自动高效灭蛾器，予以诱杀。

第四，在幼虫期喷洒青虫菌800倍液，或25%杀虫星1 000倍液，或25%灭幼脲3号2 000～2 500倍液，予以药杀。

八、山楂叶螨

（一）危害情况

山楂叶螨（图9-7），又名山楂红蜘蛛、火龙虫、山楂红叶螨。为世界性害虫，在我国分布很广，全国大部分枣区都有发生。该虫除危害枣树外，还危害苹果、梨、桃、李、樱桃和山楂等多种果树，以及棉花、小麦、芝麻、大豆与向日葵等多种作物。对枣树而言，它是枣树生长中后期危害叶片的主要害虫之一。6～8月份，在干旱年份危害严重。叶片被害后，光合作用受到抑制，提早脱落，减少营养积累，不仅损害当年的产量和质量，而且对来年枣树的生长和结果也有较大的不利影响。

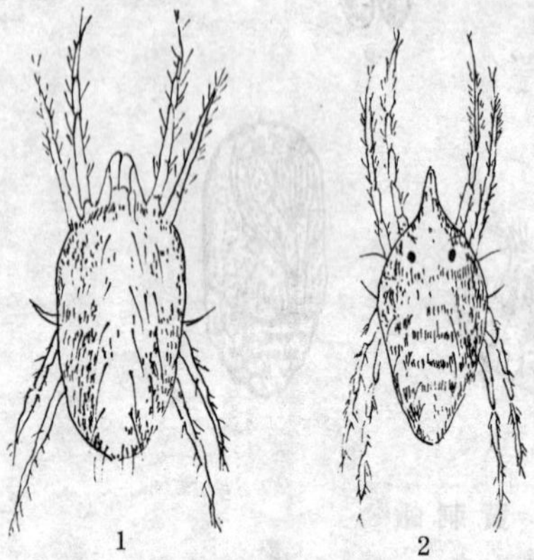

图9-7　山楂叶螨

1. 雌螨　2. 雄螨

山楂叶螨属蛛形纲，蜱螨目，叶螨科。雌成虫椭圆形。分冬螨和夏螨两种。冬螨体长0.5毫米左右，宽0.3毫米左右，深红色，体背隆起。夏螨较大，体长0.7毫米左右。初时身体为鲜红色，后渐变为朱红色。卵极小。初产出时为白色，透明，孵化前变为橙黄色。幼虫卵圆形，有三对足。初孵化出时为乳白色，取食后变为淡绿色。后期可辨别雌雄，雌螨卵圆形，雄螨身体末端较尖。

在北方枣区，山楂叶螨一年发生 8～9 代，以受精雌虫在树皮裂缝和树干基部附近的杂草、土块等处越冬。翌年枣树萌芽时，越冬幼虫出蛰活动，危害枣芽和幼叶，枣树展叶后，转移到叶背为害并产卵，卵期 10 天左右。第一代幼虫在 5 月中下旬出现。第二代后，世代重叠。6 月中下旬麦收后，其危害逐渐严重。7～8 月份，其危害最为严重。山楂叶螨的危害程度，与气象因子有一定的关系。天旱年份危害严重，多雨年份危害则较轻。

(二)防治方法

第一，冬春刮树皮，并将刮下的树皮予以深埋或烧毁，以消灭树皮内的越冬螨。

第二，枣树萌芽前，对树上和树下喷布 3～5 波美度的石硫合剂。

第三，8 月上旬，在树干上束草，诱集叶螨，冬季解下草把烧毁，消灭害螨。

第四，进行药物防治。麦收后，喷布 25%灭幼脲 3 号2 000～2 500倍液，或 1.8%齐螨素 4 000～6 000 倍液，毒杀害螨。

第十章　枣果的采收、贮藏与加工

第一节　枣果的采收

一、采收时期

按照枣果皮色和肉质的变化情况，枣果成熟过程分为白熟期、脆熟期和完熟期三个阶段。枣果采收适期，因品种和用途而异。蜜枣加工品种，宜在白熟期采收。此时，果实已充分发育，果形已基本固定，果肉容易吸糖，加工的蜜枣色泽好，半透明，品质佳。鲜食和加工酒枣的枣果，宜在脆熟期(果面全红)采收。此时，枣果已充分成熟，色泽艳丽，肉质鲜脆，含糖量高，口感好，维生素 C 含量高。贮藏保鲜的枣果，宜半红期采收。此时，枣果中的糖分和维生素 C 等物质，已积累较多，基本上能反映出枣果品种的品质。试验证明，枣果半红期采收，贮藏保鲜效果最好。制干品种宜在完熟期采收。此时，枣果已完全成熟，色泽好，果形饱满，干物质多，容易晾晒，制干率高，等级枣多，含糖量高，质量好。目前，有的枣农对采收时期认识不足，采收偏早，枣果色泽浅，果面皱纹多，干物质少，制干率低，果形不饱满，含糖量不高，品质降低，而且采收费时、费工、费力，对枝、叶、果实损伤严重，枣果含水量高，晾晒时间长，并易发生腐烂现象，使经济效益受到较大的损失。

二、采收方法

由于枣树开花坐果期不整齐，因而果实成熟期也不一致。而不同用途的枣果要求有基本一致的成熟度，这就需要按枣果成熟度的要求,分期进行采收。鲜食、加工酒枣和贮藏保鲜的枣果,要人工采收,切勿使枣果受伤,特别是贮藏保鲜的枣果要人工精细采摘,果面不能带伤,并要求带上果梗。用带伤的枣果进行贮藏,在贮藏中容易发生腐烂。长期贮藏保鲜的枣果,不能用市场上出售的枣果。试验证明,不带果梗的枣果,易从梗洼处提早变软。由于拔掉果梗时,果梗与果实连接处造成伤口,因而枣果在贮藏期易从梗端伤口处发生腐烂。为使枣果能带上果梗,采摘时要逆向采摘。贮藏保鲜的枣果,要求果面着色50%左右时便采收,但此时果梗尚未形成离层,果梗与果实连接比较牢,采摘时有的枣果带不上果梗。采用乙烯利催落采收的方法,可以解决这一矛盾。这种方法早已在生产上应用,但主要用于制干品种。山西农业大学食品科学系研究发现,用乙烯利催落,对鲜枣贮藏保鲜也无明显影响,但用乙烯利催落采收贮藏保鲜的枣果,要有相应的地面措施,以减少枣果的损伤。当枣果有30%～50%的表面着色时,可在上午9时前和下午5时后,对树冠喷施250～300毫克/升乙烯利溶液。喷药要求均匀细致,果面很好着药。若喷药后6个小时内降雨,则要在雨后进行补喷,以防药物被雨水冲刷而失效。喷药后3～5天,枣梗即形成离层,在树冠下设置一个用布料做成的接收枣装置。然后轻轻摇动树枝,枣果即脱落在离开地面专制的接收枣果的布料上。催落采收的时间,在上午没有露水后至11时前进行。实践证明,乙烯利催落采收的枣果,大都带有果梗。带果梗的枣果,其贮藏保鲜期明显延长。

制干品种,以往大部分枣区习惯于用木杆打落。这种采收方法的缺点是:采收用工多,投资高,枝、叶、果实易受损伤,枣果晾晒时易发生腐烂。击落在地面上的枣果,易沾染泥土,影响质量,而且打枣劳动强度大,并对树体营养积累也有一定的不利影响。对这种原始落后的不合理采收方法,今后应逐步改变。提倡用乙烯利催落采收。其具体方法是,在采收前5～6天,对树冠均匀喷布

250～300毫克/升浓度的乙烯利溶液，喷后释放出乙烯，使果梗的离层组织解体，枣果容易脱落。一般喷后第二天即可见效，第三至第四天进入落果高峰期，第五至第六天成熟的枣果，即可基本脱落。少数留在树上未脱落的枣果，可摇动树枝或用竹竿击落。采用乙烯利催落采收，可提高劳动效率，减轻打枣劳动强度，节省用工投资，避免枝、叶、果实损伤，减少枣果晾晒期间的腐烂损失，提高枣果质量，同时有利于树体营养的积累。乙烯利催落采收，主要用于制干品种。

第二节　枣果的贮藏

一、鲜枣的贮藏

（一）鲜枣贮藏的意义

鲜枣营养丰富，味道鲜美，富含维生素C，具有很好的营养和药用价值，深受消费者喜受。但鲜枣不易保鲜，在室内常温下单果置放24个小时即失水5%以上，鲜枣失水5%即失去新鲜状态。鲜枣一经失去新鲜状态，维生素C大量被破坏，食用价值便大大下降。以山西十大名枣的板枣、相枣和骏枣为例，鲜板枣含维生素C 499.7毫克/100克；干枣含维生素C 10.93毫克/100克，仅为鲜枣含量的2.19%，原鲜枣中97%以上的维生素C被破坏了；酒枣维生素C含量为7.13毫克/100克，仅为鲜枣含量的1.43%，原鲜枣中98%以上的维生素C被破坏了。鲜相枣含维生素C 474毫克/100克，干相枣含维生素C 16毫克/100克，原鲜枣96%以上的维生素C被损失；酒枣含维生素C 7毫克/100克，98%以上的维生素C被损失了。鲜骏枣含维生素C 432毫克/100克，干骏枣含维生素C 16毫克/100克，损失96%以上；酒枣含维生素C 6.81毫克/100克，维生素C损失98%以上。

据试验，板枣、骏枣、水枣、黑叶枣和赞皇大枣的脆熟期鲜枣，采收后在室内自然状态下，不加任何处理地单层放置，24 个小时后失水 5.16% ~ 6.25%，40 个小时后失水 6.72% ~ 9.05%，56 个小时后失水 8.28% ~ 11.43%，65 个小时后失水 8.98% ~ 11.95%，82 个小时后失水 11.69% ~ 14.76%。

从试验中还可以看出，枣果成熟度相同，存放时间相同，不同品种间失水率有所差异(表 10-1)。供试的五个品种，存放 24 个小时，失水率以水枣最大，其余依次是黑叶枣、赞皇大枣、板枣和骏枣。放置 40 个小时后，失水率以水枣为最大，其余依次是黑叶枣、板枣、赞皇大枣和骏枣。放置 56 个小时与放置 40 个小时，其失水率趋向一致。放置 65 个小时与放置 40 个小时、56 个小时的失水率趋向一致。放置 82 个小时后，水枣的失水率为 14.76%，其余依次是黑叶枣、赞皇大枣、骏枣和板枣，与放置 65 个小时的失水趋势基本相似。其中稍有变化的是骏枣失水率略高于板枣。

表 10-1　脆熟期鲜枣室内自然存放失水试验情况

品　种	放 24 小时失水(%)	放 40 小时失水(%)	放 56 小时失水(%)	放 65 小时失水(%)	放 82 小时失水(%)
板　枣	6.25	7.01	9.10	9.60	11.69
骏　枣	5.16	6.72	8.28	8.98	11.72
水　枣	7.14	9.05	11.43	11.91	14.76
黑叶枣	6.19	7.74	10.06	11.51	13.93
赞皇大枣	5.46	6.91	9.09	10.30	12.73

试验还进一步表明，鲜枣在室内自然存放时的失水率，除品种间有差异外，枣果成熟度不同，其失水率也有所差异。供试的八个品种，存放 3，4，5，6 天后分别调查。试验结果表明，所有品种的失水率，均以白熟期高于半红期，半红期高于脆熟期(表 10-2)。

表 10-2　不同成熟度鲜枣室内自然存放失水试验情况

品　种	成熟度	果重（克）	放3天重（克）	失水（%）	放4天重（克）	失水（%）	放5天重（克）	失水（%）	放6天重（克）	失水（%）
梨　枣	脆　熟	51.50	47.40	7.96	45.40	11.85	43.50	15.83		
	半　红	51.75	46.50	10.15						
	白　熟	93.10	82.50	10.38	79.50	14.05	76.80	16.61		
中阳木枣	脆　熟	46.90	42.20	10.02	40.50	13.65	38.90	17.06	37.25	20.58
	半　红	50.80	45.30	10.83	43.50	14.37	41.50	18.31	39.40	22.44
	白　熟	49.10	43.20	12.02	41.00	16.50	39.00	20.57	37.10	24.44
郎　枣	脆　熟	60.40	55.50	8.11	53.50	10.78	51.80	14.24	50.00	17.22
	半　红	56.90	49.50	13.01	47.50	16.52	45.60	19.86	43.40	23.73
金丝小枣	脆　熟	71.00	64.70	8.87	62.40	12.11	60.25	15.14	38.00	18.31
	白　熟	61.20	54.70	10.62	52.50	14.22	50.40	17.65	48.40	20.92
骏　枣	半　红	67.40	59.50	11.72						
	白　熟	59.30	52.00	12.31						
赞皇大枣	半　红	69.50	61.85	11.01						

以往栽培的枣树，各枣区均以制干品种和兼用品种为主。鲜食品种，品种数量多，但栽培数量少，多呈零星状态，产量很少，即使是优良品种，也未能很好地开发利用。如临猗梨枣、鲁北冬枣和不落酥等全国著名的鲜食优良品种，在20世纪80年代中期之前，栽培数量很少。随着市场经济的发展，人民生活水平的不断提高，对鲜枣营养保健功能的逐步认识，鲜枣的需求量不断增加。从20世纪80年代中期开始，以临猗梨枣和鲁北冬枣为代表的鲜食优良品种，有了较大的发展。山西临猗县庙上乡，有耕地6 466.67公顷，目前已发展以临猗梨枣为主的鲜食枣树品种栽培面积4 666.67公顷，年产鲜枣5 000万千克。有关资料报道，至2001年，全国鲁

北冬枣栽培面积已发展到3.5万公顷,大部分是近几年来发展的小树和高接换种树,鲜枣产量达7000万千克以上。山东沾化县到2001年春天,鲁北冬枣栽培面积发展到1.2万公顷以上,鲜枣产量达300万千克以上,产值近亿元。鲁北冬枣是近年来在全国发展数量最多、栽培效益最好的鲜食优良品种,预计今后在相当长的时期内,其发展热度不会明显下降。

大规模发展鲜食品种,必须相应地搞好鲜枣的贮藏保鲜工作。通过贮藏保鲜,调节鲜枣的市场供应期,从而提高枣树栽培的经济效益。蜜枣品种,通过贮藏保鲜,可延长蜜枣加工期,增加蜜枣加工量,从而提高经济效益。鲜食品种栽培面积不断扩大,鲜枣产量迅速增加,如果鲜枣贮藏跟不上,将会给枣树生产造成难以想象的不良后果。

(二)鲜枣贮藏的技术

20世纪80年代初期,山西省农业科学院果树研究所和山西农业大学园艺系协作,首先进行了鲜枣贮藏研究,之后有北京农业学院、中国农业大学、山西省农业科学院果树研究所、山西林业科学研究所、山西食品研究所、山东沾化冬枣研究所与山西农业大学食品系等科研、教学和企、事业单位,分别进行了鲜枣冷藏、气调贮藏、减压贮藏和冷冻贮藏等研究,取得一定的成效。研究结果表明,鲜枣贮藏受诸多因素影响,要搞好鲜枣贮藏,必须从多个方面入手。

1.品种选择 鲜枣的贮藏性能,品种间差异很大。山西农科院果树研究所和山西农业大学园艺系协作,1981～1983年进行了鲜枣贮藏研究。1983年进行的品种耐藏性试验表明,同一枣园(国家枣圃)所采集的30多个品种,在相同的气调库贮藏条件下,品种间的贮藏性能差异很大。襄汾圆枣、临汾团枣和永济蛤蟆枣三个品种,果实的耐藏性最好;太谷葫芦枣、灵宝大枣和相枣等品种,耐藏性居中;郎枣、骏枣和壶瓶枣等品种,耐藏性最差。半红期采摘的襄汾圆枣,在0℃±1℃的气调库内,贮藏23天后,好果率为100%;贮藏48天后,其好果率为96%,而贮藏同样长时间的郎枣的好果率仅2.2%;贮藏90天,好果率仍有71.2%。

1985年,山西省农业科学院果树研究所枣课题组,又进行了品种耐藏性试验,参试品种有20个,采自国家枣圃,采收日期为10月1~6日;枣果成熟度半红期8个品种、全红期10个品种,入库前未经消毒和预冷处理,枣果采收后及时装入无毒聚乙烯塑料袋内,放入气调库贮藏架上,每袋装量为1~5千克。贮藏库温度保持为0℃±1℃,相对湿度保持为90%~95%,贮藏期间进行不定期观察,最后于1986年1月1~3日进行系统检查,贮藏期为89~92天。检查结果表明,8个半红期采摘的品种,以尖枣贮藏性能最好,贮藏89天后脆果率高达90.84%,软果率为3.17%,烂果率为5.98%。其次是洪赵十月红,其脆果率为80.37%;鲁北冬枣脆果率为64.58%,永济蛤蟆枣脆果率为58.09%,太谷葫芦枣脆果率为50.60%,临汾团枣脆果率为40.73%,圆枣脆果率为37.20%。全红期采摘的13个品种,最后系统检查时,中阳木枣的脆果率为49.32%,尖枣的脆果率为43.87%,灰枣的脆果率为27.59%,晋枣的脆果率为16.22%,三变红的脆果率为5.71%,郎枣的脆果率为3.85%,糖枣和壶瓶枣的脆果率为0(表10-3)。曲泽洲等报道,在0℃冷库内试验的19个品种中,以北京市西峰山小枣贮藏性能为最好,贮藏45天后,好果率达79.4%~98.7%;贮藏至100天时,仍有少量好果。

通过不同品种鲜枣的贮藏试验,初步选出一些耐藏和比较耐藏的品种。为进一步开展鲜枣贮藏扩大试验和推广选择品种,提供了参考资料和依据。鲜枣贮藏要选择品质优良,成熟较晚,贮藏性能好的鲜食品种。

表 10-3 山西省农业科学院果树研究所
关于鲜枣耐贮藏性的调查情况

品种	采收期 月·日	成熟度	贮藏天数	调查果数	贮藏结果					
					脆果数	脆果%	软果数	软果%	烂果数	烂果%
尖枣	10.5	半红	89	535	486	90.84	17	3.17	32	5.98
十月红	10.3	半红	91	647	520	80.37	66	10.20	61	9.43
鲁北冬枣	10.6	半红	90	96	62	64.58	0	0.00	34	35.42
永济蛤蟆枣	10.1	半红	93	136	79	58.09	0	0.00	57	41.91
太谷葫芦枣	10.5	半红	90	83	42	50.60	8	9.64	33	39.76
临汾团枣	10.2	半红	92	302	123	40.73	0	0.00	179	59.27
圆枣	10.3	半红	91	672	250	37.20	0	0.00	422	62.80
大荔龙枣	10.5	半红	90	86	22	25.58	39	43.35	25	29.07
中阳木枣	10.3	全红	91	440	217	49.32	102	23.18	121	27.50
尖枣	10.5	全红	89	652	288	43.87	311	47.70	55	8.43
灰枣	10.5	全红	90	58	16	27.59	42	72.41	0	0.00
晋枣	10.5	全红	90	74	12	16.22	12	16.22	50	67.57
婆婆枣	10.5	全红	90	304	33	10.86	258	84.87	13	42.70
小小枣	10.5	全红	90	315	29	9.21	194	61.59	92	29.21
脆枣	10.5	全红	90	53	4	7.55	15	28.30	34	64.15
串铃枣	10.5	全红	90	93	6	6.45	77	82.80	10	10.75
三变红	10.5	全红	90	140	8	5.71	63	45.00	69	49.29
蜂蜜罐	10.5	全红	90	102	4	3.92	0	0.00	98	96.08
郎枣	10.5	全红	90	390	15	3.85	271	69.49	104	26.47
糖枣	10.6	全红	91	85	0	0	71	83.53	14	16.47
壶瓶枣	10.3	全红	91	355	0	0	155	43.66	200	56.34

2. 适时采收 枣果成熟度,是影响鲜枣贮藏效果的重要因素

之一。许多研究都表明,枣果成熟度与贮藏性能呈负相关,成熟度低的耐贮藏,其耐藏性随枣果成熟度的增大而下降。白熟枣果的贮藏性好于初红果,初红枣果的贮藏性好于半红果,半红枣果的贮藏性好于全红果。脆熟期的全红枣果,其耐藏性能明显下降。1985年,山西省农业科学院果树研究所枣课题组进行的不同采收期贮藏试验,结果表明,在0℃±1℃气调库贮藏89天,在同一株树上采摘的尖枣,着色50%左右半红期的枣果好果率高达90.84%,100%着色的全红果,好果率仅为43.87%。差异非常明显。随着着色面的增加,鲜枣的品质逐渐提高,但贮藏性能则逐渐下降。用于贮藏保鲜的枣果,以50%左右着色最为适宜。此时采摘的枣果,贮藏性能好,糖分已有较高的积累,基本能代表该品种固有的品质。采收偏早,着色面小于30%者,贮藏性能较好。但是,由于成熟度偏低,其品质受到明显的不良影响。采收偏晚,品质虽好,但贮藏寿命明显缩短,贮藏效果不好。

调查中发现,当前鲜枣贮藏存在的一个比较突出的问题是,枣果采收偏早。以鲁北冬枣和临猗梨枣两个鲜食主栽品种为例,有不少贮藏经营者,进行白熟期采收贮藏,枣果品质明显受到影响,人为地使枣果品质下降。据测定,白熟期鲁北冬枣的可溶性固形物含量只有20%左右,而临猗梨枣白熟期果实的可溶性固形物含量有的还低于20%。消费者反映,从市场上买的鲁北冬枣和临猗梨枣都不如过去的好吃,味道不如过去的甜,品质比过去下降了。这是人为造成的品质下降。在激烈的市场竞争中,对此要引起足够重视,要坚定树立以质量求生存,以质量占领市场,以质量求发展,向质量要效益的观念。要根据枣果的自身特性,以及市场和消费者的需求,适时进行采收。有的品种糖分积累较早,白熟期糖分已超过20%,口感已不错,可适当早采。

3. 贮藏条件 温度和湿度,是影响鲜枣贮藏效果最重要的因素。

(1)温度 在一定范围内,温度愈低,贮藏效果愈好。但是,不能低于冰点,否则易发生冻害。枣果冰点与品种和成熟度有关。不同品种、不同成熟度的枣果,其冰点不同。据测定,半红期的郎枣,冰点为-2.4℃~-3.8℃。有的品种,如临猗梨枣,长期在0℃~-2℃条件下贮藏,果实表面易出现冷害症状。在贮藏期间,要注意温度的观察,大部分品种的鲜枣,其适宜的贮藏温度,应控制在-0.5℃~1℃之间,使枣果呼吸处于非常微弱的状态。低温,可有效地延缓枣果衰老的过程。

(2)湿度 鲜枣是一种易失水的果品。据试验,枣果采收后在室内常温下单层存放24个小时,其失水率达5%以上,口感已不新鲜。临猗梨枣的全红果实,采收后在室内单层自然存放3天,失水率为7.96%;存放4天,其失水率为11.85%;存放5天,其失水率为15.53%。湿度对鲜枣贮藏的影响是很大的。贮藏鲜枣的相对湿度,应控制在90%~95%之间,用0.03毫米的无毒聚乙烯或聚氯乙烯打孔塑料袋,包装枣果,保湿效果良好。如湿度不够,可采取盆内放水的措施进行调整和补充。

(3)气体成分 鲜枣和其他果类一样,要维持正常的生命,就必须进行正常的呼吸。即吸收氧气,释放二氧化碳,通过呼吸维持正常的生命活动。枣果的呼吸有有氧呼吸和缺氧呼吸之分。有氧呼吸,是在有足够氧气条件下贮藏时所进行的呼吸;缺氧呼吸,是在缺氧条件下贮藏时所进行的呼吸。缺氧呼吸易产生乙醇,乙醇大量积累时,果实会变色变软。鲜枣贮藏环境,要保持空气流通,以防二氧化碳积累过高,而导致贮藏失败。

研究表明,枣果的呼吸比较旺盛,呼吸强度的变化比较平稳,成熟阶段没有大的波动,释放的乙烯量也比较小而平缓。影响枣果呼吸的因素很多。不同品种、不同生育期的枣果,呼吸强度不同。而温度和气体成分,是鲜枣贮藏中影响果实呼吸强度最重要的条件。适当降低氧气浓度,可抑制枣果的呼吸强度,延迟枣果的衰老。高二氧化碳,可导致果实产生大量乙醇,使果实变软,失去新鲜状态,降低贮藏效果。鲜枣对二氧化碳比较敏感。二氧化碳含量高于2%,会加速果肉软化变褐。大部分枣树品种的鲜枣,其适宜的气体成分是:氧气的含量占3%~5%,二氧化碳气的含量低于2%。

4. 贮藏方法 枣果采收后,装入专用果箱,运输途中切记轻拿轻放,轻装轻卸,防止磕碰损伤。枣果贮藏前要进行分级、挑选、清洗、消毒和预冷处理。以上程序要在一天内完成,然后把枣果装入0.01~0.02毫米无毒聚乙烯或聚氯乙烯塑料薄膜袋内,每袋装量为1~5千克。装后扎紧袋口,并在袋中部两面打直径为1厘米的小孔,以利于通气和排除有害气体。然后,将装枣袋放入专用贮藏箱内,将贮藏箱置于多层贮藏架上,进行贮藏。贮藏期间,要定时进行检查。也可把枣果装入内衬0.02~0.03毫米的无毒聚乙烯或聚氯乙烯薄膜专用贮藏箱,薄膜袋对口掩扎不封死,码垛贮藏。近年来,山西省农业科学院综合资源考察研究所研制的鲜枣贮藏专用保鲜袋,能及时排除袋内有害气体,自然调节袋内气体成分,不需进行打孔。每袋装量不超过10千克。

采用以上几种贮藏方法,在枣果入库前,对库房要进行消毒,并将库温调到适宜的温度。根据我国现行经营体制,进行枣果产地贮藏,宜选用山东果树研究所研究推广的5~10吨或20吨贮量的挂机自动冷库,或FACA柔性气调库。二者比较经济实用,建一个库容量5吨的小型冷库,投资为2万元左右;库容量为10吨的冷库,投资为3万元左右;库容量为20吨的冷库,投资为4万元左右。经营得好,贮藏2年即可收回建库成本,甚至有所结余。在小型冷库基础上,可逐步过渡到小型气调库。小型冷库灵活机动,入库出库方便。如果贮量大,可建造小型冷库群或小型气调库群。枣的果实小,贮藏的鲜枣采收质量要求严格,采收比较费工。在短时间内,采收大量的符合贮藏质量要求的枣果,有一定困难,所以进行鲜枣贮藏，不宜建造大型冷库，以小型冷库为宜。

在北方枣区，有的用机械制冷窑洞贮藏鲜枣。采用这种方法，窑洞地址应选择地势干燥、通风良好、土层深厚、土质黏重和交通较方便的地方。窑门的方向影响窑洞的温度性能，以向北为好。窑门向北可减少日光照射。同时，要考虑秋冬季节的风向，以窑门迎风为宜。这样，有利于窑洞的自然通风降温。

贮枣窑洞高3米左右，宽2.8米左右，长30~50米，窑顶土层厚3米以上。窑洞之间应相距4米以上，窑洞后部应设高于窑门的通气孔。其高差越大、越有利于自然通风。要充分利用自然地形，提高通气孔的高度，一般不应低于10米。窑门宽1~1.4米，高约3米。门口内要留深3~4米的地方作缓冲带。窑身顶部由外向里缓缓降低，比降为0.5%~1%，窑底与窑顶平行，窑顶的最高点在窑门的外侧，以利于窑外冷空气的导入和停止通风时窑内热空气的排出。

窑洞修好后，可在其内安装冷冻机，建成机械制冷窑洞。一个高3米、宽2.8米和长50米的窑洞，不加隔热设施，可安装制冷量为16 800千焦/小时的冷冻机2台，配合冬季的自然降温，利用自然冷源，维持窑洞内的适宜低温。

冷冻机房一般在窑门一侧，蒸发管道通过墙壁进入窑洞，架设在窑洞顶部，蒸发器管道用无缝钢管制成，规格为25毫米×2.5毫米。安装时，要尽可能增大蒸发面积，以提高冷冻机功效。

机械制冷窑洞，大大改善了窑洞的温度条件，使窑洞温度保持在0℃左右。与冷库不同的是，可充分利用自然冷源降温和维持窑洞的低温，以节省能源的消耗。冷冻机只在自然低温来临之前使用，以降低贮藏前期的较高窑温。窑洞一般在9月下旬开始启用。由于降温需要一个过程，所以要提前一段时间开机，以保证枣果入窑后就处于比较良好的温度条件下。开机时间一般在贮果前半个月左右。由于连续开机，蒸发管道上易结霜。对结霜要及时清除，以免霜层加厚影响机器效果。

贮藏前期，窑外温度高于窑内温度，要注意窑门的关闭，防止外界高温空气进入窑内。当窑温降到要求的温度时，可减少开机时间。当利用自然通风，可维持窑温在0℃左右时，可以对制冷机停机。此时，要注意把冷凝器中的水及时排净，以防结冰后冻坏机器。除进行通风降温外，还可在窑内积雪或积冰，以增强降温效果，增加窑内湿度。贮藏期间，要注意观察窑内温度和湿度，使窑内保持鲜枣贮藏所要求的适宜温度和湿度。枣果出库后，窑内要进行清理和消毒。夏季，要封闭窑门和窑窗，以防外界高温空气进入窑内。

5. 防治贮藏病害 采收前，在果实生长期对树上喷施0.2%氯化钙溶液，可提高枣果的耐藏性，减轻生理病害的发病率。采收后，对枣果要认真加以挑选。入窑前，要对枣果进行消毒，以杀灭枣果表面病菌及致病微生物，提高枣果的贮藏质量。

二、干枣的贮藏

枣果干制后，首先要进行挑选、分级和包装，然后将其置于冷凉、干燥、通风和干净的库房中贮藏。贮藏方法，因贮量多少而定。贮量少，可采用缸藏。贮藏前，将贮藏缸用高度数白酒进行杀菌处理。然后，把干枣装入缸内，上面放少许白酒，再用木板或石板封盖缸口。这样，干枣即可长期保存。这是北方枣区枣农长期采用的一种传统的干枣贮藏方法。

如果干枣贮藏量大，可采用纸箱包装，码垛贮藏。贮藏用纸箱质量要好，每箱装量为15~20千克，一般不超过25千克。贮藏时，在地面支架，把装好干枣的纸箱，码垛在支架上，码垛高度为5~6层。有的采用地面支架，架上铺放竹皮或细竹竿制成的箔子，把干枣堆放在箔子上，堆放厚度为1米左右，其上用塑料布封盖。也可采用无毒塑料袋和尼龙袋进行包装贮藏，把干枣装入塑料袋或尼龙袋内，扎紧袋口，放在地面支架上，高度以不超过 2 米为宜。贮藏期间，要注意防止霉烂和被老鼠危害。

第三节 枣果的加工

枣果除供鲜食外，其余大部用于晾晒和烘烤干枣，以及加工制品。枣果的加工制品，有酒枣、金丝蜜枣、无核玉枣、无核糖枣、枣汁、枣酒、枣醋、枣茶、枣泥、枣酱、枣片、枣糕、枣圣、枣露、枣香精、枣罐头、枣炒面、枣粽子、紫金枣、香酥枣、马牙枣、阿胶蜜枣、空心脆枣、红枣饴、红枣桂圆汤、红枣绿豆汤、红枣木耳汤、红枣莲子汤、红枣糯米粥、红枣赤豆粥、红枣八宝粥和红枣小米粥等多种加工制品。下面重点介绍几种产品的加工方法。

一、干枣的晾晒制作

全国红枣的加工产品以干枣最多，红枣干制的常用方法，主要有晾晒和烘烤两种。

(一)红枣的晾晒

红枣晾晒，是广大枣区普遍采用的一种传统的干制方法。枣果采收后，在院内、屋顶或开阔场地，把枣果摊放在用竹竿、芦苇或高粱秆制作的箔子上，厚度为 2～3 层。箔子下面，在距地面 20 厘米左右高处，做一支架，以利通风。白天，将枣果摊开晾晒，利用自然光能脱水干燥。夜间和阴雨天，把枣果堆积，用塑料布和苇席封盖，以防受潮或雨淋。晾晒期间，每天翻动 3～4 次，以使枣果干燥均匀。完熟期采收的枣果，在天气正常的情况下，一般晾晒 30 多天，即可达到干枣标准要求(大果型枣含水量不超过 25%，小果型枣含水量不超过 28%)。

红枣的晾晒干制，其主要缺点是：依赖大自然，受自然条件制约，晾晒期间若遇阴雨天气，则干制时间延长，易造成枣果腐烂损失。同时，这种晾晒干制方式，易受风沙污染，产品质量难以保证。由于晾晒时间长，红枣上市时间晚，不能及早抢占市场，售价低，使经济效益受到不利的影响。而且晾晒比较费工，投入劳力多。白天要把塑料布揭开，将枣果摊开晾晒，并进行翻动和挑拣剔除烂枣，日落时又要把枣果堆积起来，用塑料布覆盖，因此用工投资大。

(二)红枣的烘烤

红枣烘干，是利用热力学原理，将枣果在烘烤房中受热烘干成干枣的技术。红枣烘烤干制与自然晾晒干制相比，有以下优点：

1. 减少枣果的腐烂损失 在枣果成熟季节，如遇阴雨连绵天气，枣果晾晒受到限制，常常造成严重裂果腐烂损失。2003 年山西省大部枣产区，9 月份枣果成熟期间，阴雨天气多，降水量大。其重点枣区临县、柳林、石楼、永和、交城等县，9 月份降水量近 200 毫米，因下雨而导致裂果率高达 90% 以上，有的枣园基本绝收。临县是山西最大的产枣县，全县有枣树 3.5 万公顷，其中结果树面积 2.67 万公顷，年产鲜枣 6 000 万千克。2003 年 9 月 3 ~ 26 日，阴雨连绵，降水量达 176 毫米，相对湿度为 77%，10 月 9 ~ 13 日又连阴降雨 5 天，降水量为 27.4 毫米。9 月 3 日至 10 月 13 日，两次降雨，天数达 29 天，降水量达 204 毫米，全县枣园因下雨裂果率高达 90% 以上，直接经济损失 1 亿元以上。重点枣区克虎镇，年产鲜枣 350 万千克，2000 ~ 2003 年在陕西师大陈锦屏教授指导下，全镇建了 120 个红枣烘烤房，基本上解决了枣果干制问题，明显地减少了枣果因降雨造成的裂果腐烂损失，提高了枣的经济效益，增加了枣农的收入。红枣烘烤制干的优越性，在这里得到了正反两方面的有力证明。

2. 提高干制红枣的等级 红枣采收后，及时进行烘干，减少了腐烂，避免了污染。烘干的枣果，干净卫生，经过挑选分级，个头均匀，等级提高。自然晾晒的干枣，一二级枣少，三级枣居多，并有相当一部分等外枣。而烘干的枣，不仅有少量一级枣，而且以二级枣居多。其一二级枣占70%左右，三级枣占30%左右，等外枣极少见。

3. 提高制干率 烘烤制干的枣，干制时间短，呼吸作用持续时间不长，有机物质消耗得少，因而干物质保存得多。而且在烘干过程中，由于高温破坏了酶的活性，枣果的呼吸作用受到了抑制，直到停止，这也提高了干物质的保存量。与此对照，自然晾晒的枣，干制时间长，酶的活性受不到有效的抑制，枣果的呼吸作用不断进行，消耗的有机物质多，从而使干物质减少。同时，烘干减少了烂果率。因此，烘烤制干率比自然晾晒制干率明显提高，在干枣含水量相同的情况下，烘干的枣比自然晾晒的枣，制干率一般可提高15%以上。

4. 提高红枣的商品价值 烘干的枣，颜色深红，具有光泽，果形饱满，干净卫生。经过分析化验，烘干的枣比自然晾晒干的枣，在含水量一致的情况下，含酸量和总糖含量基本趋于一致。但是，烘干的枣维生素C含量一般较高，这是因为枣果在自然晾晒过程中，维生素C受空气中氧的氧化和紫外线的破坏，损失较大；而烘干的枣虽因高温对维生素C有一定的破坏，但时间较短，维生素C损失相对较少。烘干的枣比自然晾晒干的枣，单糖含量高，这是因为烘干时的高温，促使双糖转化为单糖，各种糖类中以转化糖和果糖的甜度较高，转化糖和果糖均是单糖，因此烘干的枣吃起来味甜。

烘干的枣耐贮藏，因为烘干时的高温具有杀菌杀虫作用。即使果实内有桃小食心虫，但它在烘干过程中，也爬出果外受热致死。烘干的枣基本没有虫果，商品价值明显提高。

5. 省工省时，节省投资 枣果自然晾晒干制，一般需要30多天。晾晒时，地面或屋顶要支架，降雨天和每天夜间要用防雨防潮塑料布封盖，白天日出后又要把封盖物揭开，每天要翻动枣果，并且要挑拣、剔除烂果，时间较长，用工较多，劳力投资较大。而红枣烘烤干制，一昼夜即可达到干枣的标准，时间短，用工少，成本较低，节省投资。一般烘烤干制，每千克干枣用煤 0.5～1 千克，除去用工和烧煤成本，烘烤每千克干枣纯盈利 1～1.5 元。

在枣产区建立烘烤房，将采收后枣果置于竹制或细铁丝制的烤盘内。烤盘为长方形或正方形，一般长 1.2 米，宽 1 米，或为 1 米×1米，高 10 厘米左右，放枣厚度为 2～3 层，每盘放枣 15 千克左右。烤盘放在烤架上。烤房外生火，烤房内通火道升温，使枣果脱水干燥。建一个长 6 米、宽 3.2～3.4 米、高 2.2 米的烘烤房，需用砖 1 500 块，水泥 1.5 吨，沙子 2 吨，白灰 0.8 吨，耐火砖 140 块，耐火灰 30 千克，炉条 120 千克，长 3.6 米、宽 0.5 米的炉板 12 块，投资约 1.5 万～2 万元。每烤 1 次需 20～24 个小时。烘烤过程分为三个阶段。第一阶段为升温受热阶段。烤房内温度上升到 50℃～55℃，约需 4～6 个小时；第二阶段为水分蒸发阶段。温度升到60℃～65℃，不宜超过 70℃，需 8～12 个小时；第三阶段为干制阶段，温度逐步降到 45℃，需 4～6 个小时。每烤房每次可烘烤枣果 1 000 千克，烘烤期间每小时加煤一次，并注意排风和除湿。每烘烤一次，需排风除湿 8～10 次，每次时间为 10～15 分钟。烘干程度按国家标准，即大枣类品种含水量不超过 25%，小枣类品种含水量不超过 28%。

（三）干制红枣的分级与包装

经自然晾晒和烘烤干制的红枣，要进行分级处理。不同等级的红枣，要分别进行包装。其包装箱或包装袋上，要注明干枣的等级标准，以便销售时按级论价。干红枣的分级标准，因品种不同而异。总的分为大枣和小枣两大类。一般每类以枣果大小、色泽好坏、虫蛀情况、破损轻重、果形饱满度和果肉可溶性固形物含量等，作为分级的指标。

红枣质量标准，按 1986 年 2 月 1 日发布的红枣质量国家标准——红枣 GB/T 5835—1986 执行。具体的指标如表 10-4，表 10-

5所示。

表10-4 大红枣等级规格质量

等级	果形和个头	品质	损伤和缺点	含水率(%)
一等	果形饱满，具有本品种应有的特征，个头均匀	肉质肥厚，具有本品种应有的色泽，身干，手握不粘个，杂质不超过0.5%	无霉烂、浆头，无不熟果，无病果，虫果、破头两项不超过5%	不高于25
二等	果形良好，具有本品种应有的特征，个头均匀	肉质肥厚，具有本品种应有的色泽，身干，手握不粘个，杂质不超过0.5%	无霉烂，允许浆头不超过2%，不熟果不超过3%，病虫果、破头两项各不超过5%	不高于25
三等	果形正常，个头不限	肉质肥瘦不均，允许有不超过10%的果实色泽稍浅，身干，手握不粘个，杂质不超过0.5%	无霉烂，允许浆头不超过5%，不熟果不超过5%，病虫果、破头两项不超过15%（其中病虫果不得超过5%）	不高于25

表10-5 小红枣等级规格质量

等级	果形和个头	品质	损伤和缺点	含水率(%)
特等	果形饱满，具有本品种应有的特征，个头均匀，金丝小枣每千克果数不超过300粒	肉质肥厚，具有本品种应有的色泽，身干，手握不粘个，杂质不超过0.5%	无霉烂、浆头，无不熟果，无病虫果，破头、油头两项不超过3%	金丝小枣不高于28
一等	果形饱满，具有本品种应有的特征，个头均匀，金丝小枣每千克果数不超过360粒；鸡心小枣每千克果数不超过620粒	肉质肥厚，具有本品种应有的色泽，身干，手握不粘个，杂质不超过0.5%。鸡心枣允许肉质肥厚度较低	无霉烂、浆头，无不熟果，无病果，虫果、破头、油头三项不超过5%	金丝小枣不高于28，鸡心枣不高于25

续表 10-5

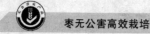

等级	果形和个头	品质	损伤和缺点	含水率(%)
二等	果形良好,具有本品种应有的特征,个头均匀,金丝小枣每千克果数不超过 420 粒,鸡心枣每千克果数不超过 680 粒	肉质较肥厚,具有本品种应有的色泽,身干,手握不粘个,杂质不超过 0.5%	无霉烂,浆头、病虫果、破头、油头和干条五项不超过 10%(其中病虫果不得超过 5%)	金丝小枣不高于 28,鸡心枣不高于 25
三等	果形正常,具有本品种应有的特征,每千克果数不限	肉质肥厚不均,允许有不超过 10%的果实色泽稍浅,身干,手握不粘个,杂质不超过 0.5%	无霉烂,允许浆头、病虫果、破头、油头和干条五项不超过 15%,(其中病虫果不得超过 5%)	金丝小枣不高于 28,鸡心枣不高于 25

以上标准,适用于收购、调拨和销售的大红枣、小红枣等干制红枣。上述标准依据果形和个头、品质、损伤和缺点、含水率四项指标,把灰枣、板枣、郎枣、圆铃枣、长红枣、赞皇大枣、灵宝大枣、壶瓶枣、相枣、骏枣、扁核酸、婆枣、山西(陕西)木枣、大荔圆枣、晋枣和油枣等大红枣,分为一等、二等和三等三个等级;把金丝小枣、鸡心枣等小红枣,分为特等、一等、二等和三等四个等级。这是全国枣果干制品进行分级和按级销售的依据,必须认真执行。

二、金丝蜜枣的加工

金丝蜜枣,是我国传统的枣加工品,已有近 200 年的历史。蜜枣加工起源于南方,20 世纪中期之前主要在南方枣区进行,以后逐渐普及到全国各枣区。其中以南方的浙江、江苏、湖南、湖北、安徽和广西,北方的山东、河北、山西、河南和陕西等省、市、自治区为主要加工区。仅山西稷山县,就有蜜枣加工企业和个体加工户 300 多家,年加工蜜枣 4000 万千克,产值 2 亿元以上。其产品远销全国 26 个省、市、自治区和港、澳、台地区,以及东南亚国家等地,是目前全国最大的蜜枣加工产地，蜜枣加工已成为当地一大支柱产业之一。蜜枣类的著名产品，是安徽歙县生产的“金丝琥珀蜜枣”，其产品大部出口，畅销国际市场。

(一)品种选择与采收

适宜加工蜜枣的枣品种，要求果实较大，果形端正，果面平滑，皮薄、肉厚，肉质较松，色泽浅，叶绿素含量较少。其中著名的品种，有宣城尖枣、宣城圆枣、义乌大枣、临猗梨枣、赞皇大枣、骏枣、桐柏大枣、婆枣、水枣和灌阳长枣等。加工蜜枣用的枣果，宜在白熟期采收，并要求人工采摘，尽量避免枣果损伤。

(二)分级清洗

枣果采收后，若数量大，可放在库房临时存放，用分级机按大小分级。无分级机的，可用人工分级。同时，要将有病虫害和机械损伤的枣果清除。然后，用清水将枣果清洗干净，沥干浮水后备用。

(三)划　丝

将经过清洗并沥尽浮水的枣果，用划丝机或手工划丝器，在其果面纵向划丝。划丝要均匀、整齐，丝距为1毫米左右，深度为果肉1/3～1/2，不能过深和过浅。过浅，糖液不易渗入；过深，煮枣时枣果易破碎。划丝深度应力求一致。枣果的两端要尽量划到，但不能重划或交叉。划丝的主要目的，是使枣果在糖煮时便于吸糖。

(四)熏　硫

将划过丝的枣果，装入筐内，厚度不要超过30厘米，花码在熏硫屋，将门窗关闭，点燃硫黄熏蒸枣果，待果面呈浅黄色时即可。硫黄用量为枣果重的0.3%～0.4%。也可用亚硫酸钠溶液浸泡划过丝的枣果，以此代替熏硫。进行时，在大缸内配制浓度为0.5%～1%的亚硫酸钠溶液，将枣果放入其中浸泡7～10个小时。浸泡期间，要轻轻进行搅动。实践证明，以熏硫效果较好，用亚硫酸钠浸泡易造成破皮夹生。为了提高熏硫效果，熏硫前可用0.5%亚硫酸钠溶液浸泡枣果30～60分钟。熏硫或用亚硫酸钠浸泡，其作用是破坏枣果内酶的氧化，防止褐变，增进成品色泽，减少维生素C的损失。

（五）水　洗

将熏硫后的枣果，用清水加以清洗，然后捞出沥干，以去除残留的硫黄味。

（六）糖煮与浸渍

糖煮的目的，是渗糖排水，使蜜枣保持果形饱满。糖煮时，放入0.1%～0.2%的亚硫酸钠，可防止维生素C的破坏，并使成品不返糖，色泽晶亮透明。

进行糖煮时，在不锈钢锅内配制30%～50%浓度的白砂糖溶液。然后把熏硫后清洗沥干的枣果，放入不锈钢锅内的白砂糖溶液中，加热煮沸30分钟。煮后，将枣果放在同浓度的冷糖液中浸泡24个小时，再放入50%的糖液中，用小火回煮30分钟。如此重复三次。最后一次回煮时，加入0.1%的柠檬酸，待枣果透明饱满时，即可结束煮沸，出锅冷却。全部煮沸时间，需1.5个小时，整个糖煮过程保持小火沸腾；不宜大火沸腾翻滚，以免枣果破烂或焦锅。

将糖煮过的枣果，放入缸内50%的冷糖液中浸渍24～28个小时，使其充分吸糖。当枣果下沉后，捞出沥干待烘烤。

（七）烘　烤

将浸渍后沥净糖液的枣果，均匀地摊放在竹制或铁丝制成的专用烤盘上，移入烤房架上，烘烤12个小时。烤房温度，分为三个变化阶段。前4个小时为55℃～65℃，中间4个小时控制在65℃～75℃，后4个小时控制在65℃。若开始温度过高，果面迅速干燥，形成硬壳，不利于内部干燥；温度过低，会延长烘烤时间。在烘烤过程中，应注意排湿，并要捣盘和翻动，以使枣果受热均匀，干燥一致。待枣果含水量降为20%～25%不粘手时,停止烘烤。

(八)整　形

停止烘烤后,趁枣果果肉柔软时进行整形。其目的是使产品外形美观一致,提高产品的商品质量。具体方法是,用手或整形机把枣果捏成所需要的形状。整形时,要剔除次品。

(九)回　烤

将整形后的枣坯,摊放在烤盘上,送入烤房中烘烤24个小时,烤时将温度控制在55℃～65℃之间。待蜜枣含水量下降到17%左右时,即可停烤出房。

(十)包装与贮藏

回烤的蜜枣冷却后,即可进行包装。包装多用质量较好的纸箱,箱内衬垫无毒塑料薄膜,严格按食品卫生要求进行操作。然后,将包装好的蜜枣成品,置于冷凉、干燥、通风、干净、无鼠害和无异味的库房贮藏。

三、酒枣的加工

酒枣,也称醉枣,是我国北方枣区传统的一种枣果酒制加工产品。酒枣加工方法简单,食时酒香味浓,口感独特,因而颇受消费者欢迎。其加工方法如下:

(一)枣品种的选择

加工酒枣的枣果品种,要求果体较大,果形端正,果面光滑,大小均匀,皮薄肉厚,色泽鲜红或深红,肉质酥脆,甜酸适口。适宜加工酒枣的品种,有骏枣、壶瓶枣、金昌1号、黑叶枣、赞皇大枣和赞新大枣等。加工酒枣用的枣果,宜在果实全部着色的脆熟期采收,并且要人工采摘,避免带伤。为采摘方便,酒枣专用品种,宜进行矮密栽培。树高一般应控制在3米以下。

(二)挑选和分级

枣果采收后,将其装入果箱(纸箱或塑料箱等)。在装卸和运输途中,要注意轻拿轻放,轻装轻卸,尽量避免枣果受损伤。采摘的枣果,要进行挑选,把有病虫害、果面带伤、色泽较浅与有裂缝的枣果挑出,然后按大小分级,以提高成品的质量。

(三)清　洗

将挑选和分级后的枣果,用清水洗净,捞出后放入竹筛,晾干果面浮水后备用。

(四)酒　制

将经过清洗晾干的枣果,放在50度以上的高度白酒中蘸一下,再轻轻装入容器中密封。1个月后,即可食用。其用酒量为枣果重量的2%左右。装酒枣的容器,视枣量多少而异。数量少,可用玻璃瓶、瓷坛和瓷罐;数量多时,可用瓷缸。为便于操作和运输,商业性酒枣加工多用无毒聚乙烯或聚氯乙烯塑料袋装载。酒制时,把枣果装入袋内,按比例加入白酒,用手搅混均匀后将袋口密封,再装入纸箱。每袋容量不等,但最多不应超过10千克。为便于销售,可装成0.5~1千克的小包装。枣果装满小塑料袋后,滴入少量白酒,不需用手搅拌,即可密封装箱,贮藏待销。

(五)贮　藏

贮藏酒枣,要求有冷凉、干净的场所。一般可贮藏5~6个月。贮藏1个月后,即可随时食用和销售。据调查,山西吕梁地区临县枣区,酒枣加工量较大,主要在元旦至春节前后销往太原、北京及东北地区各大城市。

四、玉枣的加工

玉枣,是改进传统枣脯类加工工艺,集中许多果脯类加工工艺优点的一种新的枣果糖制品。由山西农业大学食品科学系研制而成,1984年通过省级技术鉴定,1985年获农牧渔业部科技进步成果奖。

(一)玉枣加工的优点

玉枣与传统的蜜枣产品相比,有如下特点:

1. 加工设备简单 在蜜枣加工设备的基础上,添置部分设备,就可以从事玉枣的生产;不需增加大型设备,玉枣既可进行高标准机械化生产,也可进行简易生产。

2. 加工期长 加工蜜枣,以白熟期枣果为原料,枣果一经着色就不适合使用了。蜜枣的加工期较短。加工玉枣,其原料为半红至全红的枣果,加工期比蜜枣延长 20 天以上。

3. 产品无硫 加工蜜枣的枣果,划丝后果皮易变色,使产品颜色加深,因而需进行硫处理。而制作玉枣,脱去枣皮以后,果肉在短时间内不易变色,不需采用硫作护色处理,因而为无硫产品。

4. 风味独特 加工玉枣的枣果,成熟度高,品种特性基本体现,因而加工的玉枣,色泽好,香味浓。而且无皮、无核,食用方便。

(二)工艺流程

玉枣的加工工艺流程如下:

原料→挑选分级→碱液去皮→去核→糖煮→浸渍→烘烤→回软→分级→包装→成品。

(三)加工技术要点

1. 原料要求 所用原料,以选用全红或半红的枣果为好。品种,以果实较大,肉厚、核小、果形端正的大、中果型品种为好。小果型加工费工,成品不美观,最好不用。枣果采收后,要进行挑选和分级,并剔除病、虫、伤果。枣果挑选分级后,用清水清洗干净,捞出后沥干浮水。

2. 碱液脱皮 用浓度为8%~9%的氢氧化钠溶液脱皮。碱液保持沸腾,维持 1~3 分钟。待皮肉能分离时迅速捞出,用冷水冲洗,并筛脱果皮,将果面上残留的碱液洗净。用碱液脱皮,时间短,工效高,煮枣时容易渗糖,脱皮后表面光滑,果肉颜色黄白,美观,口感好。

3. 去核 将脱皮后捞出沥干浮水的枣果，用手工工具或去核机去核。枣果去核后，不仅食用方便，不用吐核，而且煮枣时容易渗糖，并加快了烘烤速度，缩短了烘烤时间，节省了烘烤燃料消耗，并为枣核的合理利用，提供了可能性。

4. 煮枣 要用砂糖液煮枣。开始煮制时，糖液浓度为30%～40%。在煮制过程中，要逐渐加糖。煮制时间为1个小时左右。当枣果有八九成透明，糖液浓度达到50%～60%时，即可出锅，放在缸内，用煮制过的糖液浸泡12～15个小时。然后捞出枣果，沥干糖液，以备烘烤。玉枣用低糖液煮制，基本符合目前国际上对果脯低糖的要求，并具有较浓的枣香味。

5. 烘烤 将煮制后沥干糖液的枣果，装入烤盘，放在烤房架上烘烤。烘烤初期，温度控制在60℃～70℃，最高不超过75℃。后期温度，控制在55℃～60℃，最低不低于50℃。烘烤时间为18～25个小时。烘烤后，将枣果回潮半天至一天。烘烤期间，要调节好温度，后期温度应控制在55℃左右，并注意进行排湿。

6. 拌粉 烘烤后的枣果，要拌葡萄糖与柠檬酸粉，葡萄糖与柠檬酸的比例为20:1。拌粉后风干半天，即可包装和贮藏。包装和贮藏方法，可参照蜜枣的方法实施。

玉枣拌粉后，具有独特风味，甜酸适度，甜而不腻，并有枣香味。玉枣还原糖含量较低，外裹糖粉，可防止其因蔗糖返砂结晶而影响成品的外观。玉枣成品含水量为13%～17%，总糖含量为65%～72%，没有有害物质，符合国家食品卫生标准。

五、枣泥的加工

(一)工艺流程

红枣(干枣)→清洗→浸泡→软化→打浆→配料→浓缩→装盘→烘干→包装→杀菌→冷却。

(二)加工技术要点

1. 选料 加工枣泥的原料为干枣。选料时,要把霉烂、破裂、杂质和病虫害枣果剔除。

2. 清洗与浸泡 用流动清水将枣果表面泥土和杂质清洗干净,然后把洗净的枣果放在清水中浸泡12个小时。

3. 软化 将浸泡干枣100千克,加水50升,放在夹层锅中加盖焖煮1~2个小时,中间翻动几次,至枣果软烂、用手搓果肉易分离时为止。

4. 打浆 用孔径0.2毫米或0.5毫米打浆机打浆。打浆后,用尼龙网滤去枣皮。

5. 配料与浓缩 所用配料为枣泥浆30千克,砂糖20千克,琼脂0.2千克。先将砂糖配成浓度为75%糖液,并加以过滤。再将琼脂对10倍水加热,溶解后过滤。然后,按配比放入夹层锅中,在蒸汽压为245~294千帕的条件下,搅拌加热,浓缩至可溶性固形物含量为40%左右时,停汽出锅,装入衬有无毒塑料薄膜的浅盘中,厚度为2~3厘米。

6. 烘干 把装有枣泥浆的烤盘,放于烤房架上烘烤,温度控制在100℃~105℃,烘干至可溶性固形物含量为50%左右时,取出烤盘。

7. 包装与封口 把烤盘中的枣泥,用无毒塑料布包装好,装入规格为13厘米×17厘米两层复合蒸煮袋中,用封口机或手工进行封口。封口要严密。

8. 杀菌 把封好口的装有枣泥的蒸煮袋,放入夹层锅中,加水淹没,上压重物,防止漂浮。然后加热杀菌,在沸水中持续10分钟。

9. 冷却 把杀过菌的装枣泥蒸煮袋,放到流动冷水中,冷却到38℃以下,即为成品。

(三)注意事项

第一,清洗红枣时,要把泥土洗净。

第二,装盘时,枣泥不宜过厚。烘干时,要控制好温度。

第三,蒸煮袋杀菌时,每层要隔开,上层要压住,以防止杀菌不完全或蒸煮袋上浮。

第四,手工封口时,要尽量排出袋中气体,以利于保存。

(四)质量标准

第一,色泽为红褐色,均匀一致。

第二,具有枣香味,无其他异味。

第三,枣泥呈糕状,不流散,无核,无果梗和大块果皮。

第四,可溶性固形物含量为50%,总糖含量不低于35%。

第五,重金属含量要符合国家要求的标准。

第六,无致病病菌及微生物引起的腐败现象。

六、枣汁的加工

枣汁,是以干枣为原料,用水浸渍法提出红枣中可溶性物质,如糖、有机酸、矿物质、维生素、色素和单宁等营养物质,所制成的饮料。容易被人体所吸收,属生理性碱性食品,枣汁,有很高的营养价值和药用价值。

(一)工艺流程

红枣(干枣)→挑选→清洗→烘烤→浸泡→提取→过滤→调配→脱气→装瓶→密封→杀菌→冷却→包装

(二)加工技术要点

1. 原料挑选 最好选择无污染的干枣果,将其中的病、虫、烂果和杂物剔除。

2. 清洗 将挑选好的枣果,放在清水中清洗干净,然后捞出控干水分。

3. 烘烤 将控干水分的红枣,摊放在烤盘中,置于烘烤房或远红外烘箱中烘烤。初期温度为60℃,烘烤1个小时左右,至枣发出香味时为止。然后,将温度调到90℃左右,烘烤1个小时,至枣发出焦香、枣肉紧缩、枣皮微绽时,取出后放凉。枣果经过烘烤后,所浸出的枣汁,枣香味更浓。由于枣果中含有各种糖类,烘烤过程中形成部分焦糖,焦糖香味和枣的香味相结合,使香味更浓。

4. 浸泡 将烘烤过的枣,放入水中浸泡,加水量以淹没枣为度,泡至枣肉微胀即可。

5. 浸提与过滤 将烘烤和浸泡过的枣,置于容器中,保温浸取24个小时,水温为60℃左右。在浸取过程中,要经常搅动。搅动时,勿用力过猛,避免将枣弄碎。所浸提枣汁的可溶性固形物含量达10%左右时,进行静置。然后吸取上层清液,用纱布或板框压榨机过滤,即得澄清、透明与鲜红的枣汁。

6. 调配 原料配比为:枣汁(含可溶性固形物10%)85%,糖液(含可溶性固形物75%)14.9%,柠檬酸0.1%,枣香精0.01%。调配时,按此比例将枣汁、糖液、柠檬酸液,置于夹层锅中,混合均匀。

7. 脱气 枣汁脱气,是为了除去枣汁中的空气,抑制褐变,抑制色素、维生素、香气成分和其他物质的氧化,防止装瓶后霉变。枣汁脱气,使用真空脱气机,也可用单效真空蒸发罐代替。脱气时,将枣汁吸入真空室内,喷射成雾状,以增大枣汁表面积,使果汁中的气体迅速逸出。一般枣汁脱气的真空度为84~94千帕。脱气枣汁的温度以50℃~70℃为好。枣汁经过脱气处理,一般会有1%~2%的水分和少量挥发性成分被损失。脱气时间,应控制在5分钟左右。枣汁脱气后,将0.01%枣香精注入装汁机内,使之与枣汁混合,并趁热装瓶,立即密封。

8. 杀菌与冷却 将密封后的枣汁瓶,置于沸水中杀菌15分钟左右。杀菌后,采用喷淋法,将其迅速冷却至37℃左右。枣汁采用瞬间杀菌法效果更佳。其方法是,枣汁脱气后,把它迅速泵入管式杀菌器，快速加热至90℃以上，维持20秒钟左右，然后及时装瓶密封，倒瓶1～3分钟后，快速冷却到37℃左右。

（三）注意事项

第一，要掌握好枣果烘烤的适宜温度和时间。开始烘烤时，温度不宜太高，要逐渐升温，直至枣果焦而不煳为止。若烘烤温度过高，制成的枣汁颜色发暗，并有焦煳味，营养成分也受到破坏，产品质量便受到损害。

第二，红枣含酸量低，若浸提出的枣汁pH值偏高，则产品在贮藏过程中易霉变。因此，在加工过程中，应根据枣汁含酸量的情况，加入柠檬酸，将枣汁pH值调整到3.8～4之间。

第三，枣汁加工过程时间较长，若pH值偏高，尤其是在夏季气温较高时，枣汁容易发酵。因此，要严格操作，搞好车间卫生，防止半成品积压，并使各工序紧密衔接，以保证产品质量。

（四）质量标准

第一，枣汁产品为深红色或褐色。

第二，具有枣汁应有的气味，清香爽口，无异味。

第三，枣汁清亮透明，均匀一致。长期存放后，允许其中有少量沉淀物。

第四，枣汁中的可溶性固形物含量为18%～20%。

第五，枣汁酸度为0.2%左右。

第六，符合国家食品卫生要求，重金属含量要在食品卫生要求的限量标准范围内。

附　录

一、枣树无公害生产周年管理工作历

月份	节气	物候期	主要管理工作内容
1~2	小寒至雨水	休眠期	1. 刮树皮、涂白、消灭枣粘虫和红蜘蛛等害虫的越冬虫卵和蛹 2. 在1~3年生幼树主干上捆绑玉米、向日葵等作物秸秆,防止野兔啃咬枣树皮 3. 制订全年工作计划,组织技术培训 4. 备好肥料、农药、地膜、种子和生产工具等物资
3	惊蛰至春分	休眠期	1. 进行整形修剪,并结合修剪采集接穗和剪除病虫枝 2. 在树干基部绑塑料布和堆土,防止枣尺蠖雌成虫上树产卵 3. 对枣树喷布3~5波美度石硫合剂 4. 整修树盘,炮震松土 5. 采集接穗、贮存备用
4	清明至谷雨	萌芽前后	1. 萌芽前进行整形修剪,并结合修剪采集接穗 2. 枣苗出圃,春季栽植枣树 3. 根蘖苗归圃,播种酸枣苗 4. 进行枣苗嫁接和野生酸枣原地嫁接大枣 5. 进行枣树高接换种 6. 进行间作物和绿肥作物播种 7. 给枣树追肥、浇水 8. 对地面和树上喷药,防治食叶象甲,枣园安装诱蛾灯,给患枣疯病树体输液治疗
5	立夏至小满	枝叶生长和初花期	1. 进行枣苗嫁接和野生酸枣接大枣 2. 进行枣树高接换种 3. 进行枣树夏季修剪 4. 对枣树叶面喷施0.3%~0.5%的尿素 5. 苗圃地、间作物和绿肥管理 6. 对枣树喷布25%灭幼脲3号2000~2500倍液,防治枣尺蠖、枣粘虫、枣瘿蚊和食芽象甲等害虫

续附录一

月份	节气	物候期	主要管理工作内容
6	芒种至夏至	开花坐果期	1. 进行枣树夏季修剪 2. 枣园放蜂,促进授粉 3. 枣园追肥、灌水,中耕除草 4. 喷施促花坐果剂,结合进行叶面喷肥 5. 干旱高温天气时,早、晚给树冠喷水 6. 解除嫁接枣苗的包扎物,给高接换种树和野生酸枣接大枣树及时除萌、松绑和立支柱防风害 7. 对枣树喷 25% 灭幼脲 3 号 2000～2500 倍液或 1.8% 齐螨素 3000～5000 倍液,防治桃小食心虫、红蜘蛛、黄刺蛾、龟蜡蚧和枣粘虫等多种害虫 8. 在枣园安装灭蛾器,诱杀各种害虫成虫
7	小暑至大暑	幼果期	1. 进行苗圃地、间作物和绿肥作物管理 2. 在枣园追肥、灌水和树盘(树行)翻压绿肥 3. 对枣树喷 25% 灭幼脲 3 号 2000～2500 倍液,或 1.8% 阿维菌素乳油 5000～8000 倍液,防治桃小食心虫、红蜘蛛、龟蜡蚧等害虫 4. 对枣树喷 1∶2∶200 波尔多液防治枣锈病、炭疽病;喷 2% 农抗 120(抗霉菌素)200 倍液防治炭疽病;喷 0.3% 硼酸或硼砂,防治缩果病 5. 结合喷药治虫喷 0.2%～0.3% 磷酸二氢钾 6. 喷 800 倍钙中钙等钙制剂防枣裂果
8	立秋至处暑	果实生长期	1. 对枣树喷 1∶2∶200 波尔多液,或 75% 百菌清 800 倍液,或中生菌素(农抗 751)1% 水剂 200～300 倍液,防治枣锈病、炭疽病和缩果病 2. 对枣树喷 1.8% 阿维菌素乳油 5000～8000 倍液,防治桃小食心虫、红蜘蛛等害虫,结合喷施 0.3% 磷酸二氢钾,1% 氯化钙和 800 倍氨钙宝 3. 进行枣园中耕除草和翻压绿肥作物 4. 对苗圃地进行追肥、灌水、叶面喷肥和防治病虫害 5. 采收白熟枣加工蜜枣
9	白露至秋分	果实成熟期	1. 在树干和主枝上束草,诱集枣粘虫等越冬害虫 2. 摘拾树上虫果和地面落果,进行处理 3. 采收白熟期枣果加工蜜枣,采收半红期枣果进行保鲜贮藏,采收脆熟枣果,加工酒枣 4. 收获间作物,播种间作小麦 5. 采收完熟期制干品种枣果,用以烘烤或晾晒干枣

续附录一

月份	节气	物候期	主要管理工作内容
10	寒露至霜降	晚熟品种成熟期和落叶期	1. 采收半红期晚熟鲜食品种枣果,进行保鲜贮藏,采收脆熟期鲜枣,并加工酒枣 2. 采收完熟期晚熟制干品种枣果,晾晒或烘烤干枣 3. 摘拾树上虫果和地下落果 4. 秋施基肥,秋耕枣园,秋翻树盘 5. 苗木出圃,秋栽枣树
11至12	立冬至冬至	休眠期	1. 清除枣园枯枝、落叶、病果和杂草 2. 秋耕枣园,耕翻树盘 3. 苗木出圃,秋栽枣树 4. 给枣园和枣苗圃灌封冻水 5. 处理树干和主枝上的束草 6. 销售枣果加工产品 7. 清除枣疯病及疯树疯枝 8. 进行全年工作总结

二、国家禁止使用的化学农药

国家已经禁止使用的化学农药如下:

砷酸钙、砷酸铅、甲基砷酸锌、甲基砷酸铁铵(田安)、福美甲砷、福美砷、著瘟锡、三苯基氯化锡、毒菌锡、西力生、赛力散、氟化钙、氟化钠、氟乙酸钠、氟乙酰胺、氟铝酸钠、氟硅酸钠、DDT、六六六、林丹、艾氏剂、狄氏剂、三氯杀螨醇、三溴乙烷、二溴氯丙烷、甲拌磷、久效磷、对硫磷、甲基对硫磷、甲胺磷、甲基异柳磷、氧化乐果、氧化菊酯、磷胺、稻瘟净、异稻瘟净、克百威、涕灭威、灭多威、杀虫脒、五氯硝基苯、稻瘟醇、除草醚、草枯醚、甲敌粉、1605 和 3911。

另外,所有拟除虫菊酯类杀虫剂,不能在水稻上使用,因为它对鱼类毒性大,各种除草剂不宜在蔬菜上使用。

三、国家不再核准登记的部分农药

1997 年,我国又决定限制近百种农药的生产,并不予办理登记手续。国家不再核准登记的农药,杀虫剂中有灭扫利、速灭杀丁、灭百可等菊酯类农药,乐果、敌百虫、辛硫磷、溴丙磷、马拉硫磷和杀螟硫磷等;杀菌剂中有代森猛锌、福美双、炭疽福美和乙磷铝等;除草剂中有五氯酸钠、草甘膦、丁草胺、二甲四氯、三氯喹啉酸等;激素类药剂有助壮素、乙烯利、赤霉素(九二〇)和多效唑(PP_{333})等;熏蒸杀虫剂有磷化铝、氯化苦和溴甲烷等。

国家《农药管理条例》规定:“任何单位和个人不得生产未取得农药生产许可证或生产批准文件的农药。任何单位或个人不得生产、经营、进口或使用未取得农药登记或者农药临时登记的农药。”未经农业部登记、化工部准产的农药,其生产、跨省(市、自治区)经营、销售、广告宣传,都是违法的。现在市场上出售的许多农药,仅有省、市级地方的准产证和登记证,这类农药只可在发准产证的区域内试用。不经主管部门认可,到区外销售也是违法的。

四、可供无公害枣园选用的农药品种

生产无公害枣果,选用的农药必须符合国家《生产绿色食品和农药使用准则》的规定:禁止使用剧毒、高毒、高残留或具有致癌、致畸、致突变的农药,严格执行国家关于禁止使用的化学农药的规定。根据可持续发展战略和生产无公害枣果的要求,应选用高效、低毒、低残留,对人、畜、禽、蜂、鱼比较安全,不污染环境,不破坏生态平衡的矿物源农药、植物源农药和生物农药。可供无公害枣园选用的农药如下:

(一)杀菌剂

1. 石硫合剂 石硫合剂是一种既能杀菌又能杀虫的无机硫制剂。具有灭菌、杀虫和保护植物的功能,对人、畜毒性中等,对植物安全,无残留,不污染环境,病虫不易产生抗性。

枣树发芽前,喷3~5波美度石硫合剂,可有效地防治枣树腐烂病、炭疽病、轮纹病和山楂红蜘蛛等多种病虫害。熬制和贮存石硫合剂,不能用铜、铝容器,可用铁质容器。石硫合剂不能与酸性、碱性农药混用,气温高于32℃时不宜使用。石硫合剂有腐蚀作用,应避免接触皮肤和衣服,药械用后要及时清洗。

2.843康复剂 843康复剂是由腐植酸、中药材等复配而成的一种杀菌剂。具有保护树体,增强树体内营养输导和促进伤口愈合的作用,是一种高效、低毒、低残留的杀菌剂。

剂型有4%水剂和2%乳油。用843康复剂涂抹枣树腐烂病伤口,防治效果好,复发率低,伤口愈合快。843 康复剂不能与酸性农药混用,伤口涂抹后要用塑料布包扎。

3. 波尔多液 波尔多液是一种保护性杀菌剂。它的有效成分为碱式硫酸铜。喷药后,植物体和病菌表面形成药膜,可有效地防止病菌侵染,并使叶色浓绿,生长健壮,提高抗病力。该药剂杀菌广谱,持效期长,对人、畜低毒,病菌不产生抗性。

波尔多液的配制方法是:配制原料为硫酸铜和生石灰。其配比为:石灰半量式为1:0.5,等量式为1:1,倍量式为1:2,多量式为1:3,用水量一般为160~240倍。配制时,将硫酸铜和生石灰,分别在一半的水中溶化。然后,将两者同时慢慢地倒入备用的容器中,边倒边搅拌,搅匀后即为波尔多液。给枣树防治病害,可用倍量式或等量式波尔多液。适时喷施,对枣锈病、炭疽病、缩果病具有较好的防治效果。一般半个月喷一次,共喷两次。

波尔多液不能与碱性农药混用。阴雨天和早上有露水时不能喷施,以免发生药害。配制波尔多液,不能用金属器皿。喷药完毕后,要及时洗净药械,以防腐蚀。

4. 农抗 120(抗霉菌素) 农抗 120 属农用抗生素类杀菌剂,主要成分为核苷,可直接阻碍病原菌蛋白质合成,导致病原菌死亡。对人、畜低毒,无残留,不污染环境,对作物和天敌安全,并有刺激植物生长的作用。

剂型为 1%,2%,4%水剂。枣果炭疽病发病前和发病初期,喷施 2%水剂 200 倍液,有较好的防治效果。该药剂不能与碱性农药混用,可与其他杀虫、杀菌剂混用。

5. 粉锈宁(三唑酮、百里通) 粉锈宁是一种高效的内吸性三唑类杀菌剂。其药液被植物吸收后,能迅速在体内传导,具有保护和治疗作用,并有一定的熏蒸和铲除作用。对人、畜低毒,对蜜蜂无毒,对天敌安全。

剂型有 15%,25%可湿性粉剂,20%乳油。7 月上旬,枣锈病发病前喷 15%或 25%的粉锈宁可湿性粉剂 1 000~1 500 倍液,可有效地控制枣锈病的发生和危害。粉锈宁不能与强碱性农药混用,可与其他杀菌剂交替使用。在果实采收前 20 天应停用。

(二)杀虫剂

1. 灭幼脲(灭幼脲 3 号) 灭幼脲是一种昆虫生长调节剂,属特异性杀虫剂。对鳞翅目和双翅目幼虫有特效，不杀成虫，但能使成虫不育。毒性低，药效较慢，2~3天后才显示杀虫作用，对人、畜和植物安全，对天敌杀伤小。

剂型有25%和50%胶悬剂，生产上常用的为25%胶悬剂。灭幼脲对鳞翅目害虫有特效。在低龄幼虫期喷25%灭幼脲3号1 500~2 500倍液，可有效地控制枣尺蠖、枣粘虫、桃小食心虫、黄刺蛾和山楂红蜘蛛等多种害虫的危害。本药剂残效期较长，耐雨水冲刷。有沉淀现象，喷药时要先摇动后再用水稀释。不能与碱性农药混用。要放在阴凉处贮存。

2. B.t. 乳剂（苏云金杆菌） B.t. 乳剂是一种细菌性杀虫剂，主要是胃毒作用。害虫取食喷有该药的食物后，药剂进入消化道，产生败血症而死亡。该药具有安全无毒、对作物无药害、不杀伤天敌等优点。

剂型有乳剂（含活芽孢100亿个/毫升）和可湿性粉剂（含活芽孢100亿个/克）。在低龄幼虫期喷施B.t. 乳剂500~800倍液，可有效地防治枣尺蠖、枣粘虫、桃小食心虫和黄刺蛾等多种鳞翅目害虫危害。B.t. 乳剂和可湿性粉剂，可与低浓度菊酯类农药混用，但不能和内吸性杀虫剂或杀菌剂混用。在菌液中加入0.1%洗衣粉，可增加粘着力。药液要现配现用，以免失效。

3. 阿维菌素 阿维菌素是国际上的通用名称，我国叫齐螨素，商品名为海正灭虫灵、7051杀虫素等。阿维菌素是一种农用抗生素类杀虫、杀菌剂，属昆虫神经毒剂，主要干扰害虫神经生理活动，使其麻痹中毒而死亡。具有触杀和胃毒作用，有较强的渗透性，能在植物体内横向传导，杀虫（螨）活性高，用药量仅为常用农药的1%~2%。残效期10天以上，具有高效、低毒、广谱，害虫不易产生抗性和对天敌安全等特点。

剂型为1.8%，1%，0.6%乳油，乳油外观为棕褐色液体。阿维菌素可防治桃小食心虫、山楂红蜘蛛和棉铃虫等多种枣树害虫。在山楂红蜘蛛发生初期，喷1.8%乳油4 000~6 000倍液；防治棉铃虫时，喷1 000~2 000倍液。该药剂不能与碱性农药混用。

4. 机油乳剂 机油乳剂是用95%机油和5%乳化油加工制成的。对害虫主要是触杀作用。该药被喷到虫体或卵壳上以后，形成油膜，封闭气孔，使害虫窒息死亡。机油中还含有不饱和烃类化合物，易在虫体内生成酸类物质，使虫体中毒死亡。

剂型为95%机油乳剂。可防治山楂红蜘蛛、枣尺蠖和龟蜡蚧等多种枣树害虫。防治龟蜡蚧用50倍液,防治枣尺蠖用100~300倍液,防治山楂红蜘蛛越冬雌成螨用80~100倍液。夏季使用机油乳剂,应先做试验,以免发生药害。不同厂家生产的机油乳剂质量有差异,要注意选用无浮油、无沉淀、无浑浊的产品。

5. 螨死净(阿波罗、四螨嗪) 螨死净是一种有高度活性的专用杀螨剂。对害螨的卵和幼螨、若螨均有较高的杀伤力。虽然不能杀死成螨,但可显著降低雌成螨的产卵量,产下的卵大部不能孵化;即使孵化,所孵化的幼螨也会很快死亡。该药的药效缓慢,喷药后7天才能看到防治效果。持效期50天左右,对温度不敏感,四季皆可用。对人、畜低毒,对天敌和植物安全。

剂型为20%,50%悬浮剂。春季使用效果较好。喷一次20%螨死净悬浮剂2000~3000倍液,或50%螨死净5000~6000倍液,即可有效控制螨量。夏季如成螨数量大,则应在螨死净中混加克螨特、速螨酮等对成螨有速效的杀螨剂。该药剂不能与石硫合剂、波尔多液等碱性农药混用。螨死净为悬浮剂,有分层现象,喷前要摇匀。

主要参考文献

1 曲泽洲,王永蕙主编．中国果树志·枣卷．中国林业出版社,1993

2 曾勉等．枣树生物学特性．科学出版社,1959

3 河北农业大学枣课题组．枣科研论文选编,1983

4 山西省红枣协会．首届学术研讨会论文集(内部资料),1997

5 山西省红枣协会．第二届枣业学术研讨会专集．华北农学报第14卷,1999

6 彭士琪,温陡良主编．干果研究进展．中国林业出版社,1999

7 张志善等．枣树良种引种指导．金盾出版社,2003

8 刘孟军主编．枣优质生产技术手册．中国农业出版社,2004

9 武之新主编．冬枣优质丰产栽培新技术．金盾出版社,2002

10 冯建国等．无公害果品生产技术．金盾出版社,2001

11 师光禄等．果树害虫．中国农业出版社,1994

12 任东植．枣树病虫害综合治理原理与技术．中国林业出版社,2001

13 李养志,常经武．枣树整形修剪图说．世界图书出版公司,1997

14 李连昌,王如福．中国枣的保鲜贮藏与加工．中国农业出版社,1992

15 陈锦屏．红枣烘干技术．陕西科学出版社,2000

16 郭裕新．山东省果树研究所枣品种选育的成就及经验．落叶果树,2003(2)

17 刘志坚,刘学军．生产绿色食品(果品)专用药剂概述．山西果树,1999(1)

18 纪清臣等．枣新品种沧无1号、沧无3号．中国果树,2001(6)

19 高丽,周广芳等．枣新品种及栽培技术要点．中国果树,2003(2)

20 罗永平等．金丝小枣和无核小枣良种选育．落叶果树,1997(4)

21 王国强等．酸枣资源的开发及其管理技术。山西果树,2002(3)

22 辛培刚．论我国果品质量的改进与提高．落叶果树,2001(1)

23 聂继云等．绿色果品的质量标准及其生产条件．落叶果树,2001(6)

24 聂继云等．关于苹果的食用安全性问题及建议,落叶果树,2002(3)

25　于辉,王宏．果品污染与栽培技术的关系及控制途径．落叶果树,2002(3)

26　杨振锋等．无公害水果中的有害物质和农药残留量及其检测方法,落叶果树,2003(5)